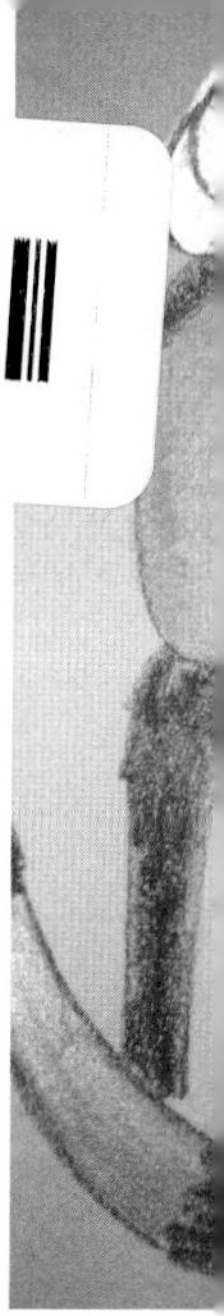

Adriaan Bekman
Begeisterung steckt an

ADRIAAN BEKMAN

Begeisterung steckt an

Über die Entwicklung von Menschen und Organisationen

alertverlag.
bücher auf der höhe der zeit

Inhaltsverzeichnis

Bibliografische Information der Deutschen Nationalbibliothek

Die Deutsche Nationalbibliothek verzeichnet diese Publikation in der Deutschen Nationalbibliografie; detaillierte bibliografische Daten sind im Internet über http://dnb.d-nb.de abrufbar

ISBN: 978-3-941136-17-5 • 1. Auflage 2011

Satz: Satz- & Verlagsservice Bogun, Berlin • Umschlaggestaltung: Michael Reichmuth, Berlin

1. Veränderung ist möglich – aber nicht mit der üblichen Vorgehensweise

Bei unserer Suche nach Wegen für die Veränderung von Organisationen begegnen wir immer wieder schwierigen und geradezu „widerspenstigen" Situationen und Fragestellungen, bei denen unsere bisherigen Ansichten und Ansätze wirkungslos bleiben. Trotz dieser wiederholten Erfahrung vertrauen wir darauf, dass die Experten uns Antworten geben können, wir hoffen, dass uns der Durchbruch mithilfe des aktuellsten Ansatzes gelingt, und wir sind immer bereit zu glauben, dass es das nächste Mal klappen wird. Wir sind nicht im Geringsten bereit, einen kritischen Blick auf die Art zu werfen, wie wir anders daran arbeiten können, diese langsam zu lösenden bzw. langsam wirkenden Entwicklungsfragen zu bewegen.

Ein Versäumnis in der überwiegenden Anzahl der Expertenansätze ist, dass die innere Welt des Menschen kaum angesprochen wird. Wir verbessern die äußeren Bedingungen und staunen, wenn wir sehen, dass sich in den Prozessen, in dem Verhalten der Menschen zueinander und in den steuernden Auffassungen trotzdem wenig verändert hat. Wir bauen Organisationen um, implementieren neue Systeme, beziehen neue Gebäude, verwenden neue Slogans und Leitbilder – und doch handeln die Menschen weiterhin auf ihre gewohnte Weise.

Ein Punkt, den wir häufig beobachten, ist, dass sich die Beziehung zwischen Unternehmensführung und Mitarbeitern im Laufe des Berufslebens nicht wesentlich verändert hat. Im Gegenteil. Gibt es nicht eine wachsende Kluft zwischen beiden und einen Stillstand in der Art des Umgangs miteinander? Eine Art, die dazu führt, dass es im Umgang mit schwierigen Situationen unbequem geworden ist zwischen Management und Beschäftigten? Manager geben Veränderungsanweisungen, Experten und Mitarbeiter fragen sich, wie sie damit umgehen sollen. Das Personal improvisiert in der Praxis und weiß nicht, wie es dies seinen Führungskräften deutlich machen kann. Diese Kluft wird durch beide, Führungskräfte und Mitarbeiter, die so beschäftigt sind mit ihrer eigenen Arbeit, vergrößert, weil beide sehr effektiv und effizient arbeiten müssen und tatsächlich keine Zeit haben, einmal intensiv zusammen in den Dialog zu gehen und über Sachfragen zu diskutieren. Es gibt immer mehr zu tun, und nur wenige Aufgaben fallen weg.

Obendrein werden Veränderungen auf einem operativen Weg, top-down und bottom-up, auf hierarchische und funktionelle Weise, implementiert. Diese Vorgehensweise eignet sich nicht. Sie dauert länger, kostet mehr und liefert nicht die erwarteten Ergebnisse.[1]

Manchmal ist es geradezu zum Haareraufen. Wie soll es weitergehen?[2]

In diesem Buch wird eine Methodologie – die Methodologie der sozialen Evidenz – beschrieben, die während jahrelanger Forschungen und Experimente entwickelt wurde, um auf eine fruchtbare Art und Weise mit Entwicklungsfragen in komplexen Organisationen, insbesondere in oft schwierigen Umständen, umzugehen. Diese Methodologie steht in Einklang mit Entwicklungen in den Sozialwissenschaften, die hier ebenfalls kurz charakterisiert werden. Sie korrespondiert zudem mit einer langen Praxis von kreativen Führungskräften und Beratern, die neue Wege im Umgang mit Veränderungssituationen suchen.

Und es wird die Arbeit mit Entwicklungsfragen dargestellt. Das sind Fragen, die in schwierigen, zu verändernden Situationen gestellt werden können und müssen und die langsam und langfristig wirken. Gelegentlich hat man sie „träge Fragen" genannt. Auf diese Fragen gibt es keine schnellen Antworten, aber sie wirken verändernd. Sie setzen beim Menschen an und führen so zu Menschen gemäßer dauerhafter Veränderung. Wenn es um menschengemäßes Verändern geht, besteht die Kunst darin, Impulse so zu geben, dass die betroffenen Menschen ihre Schritte selbst aus eigener Begeisterung heraus machen können.

Die innere Begeisterung der Leitenden ist das Fundament dafür. Begeisterung steckt an! In diesem Buch finden Sie den Weg dorthin.

2. Die soziale Realität als menschliche Schöpfung und was das bedeutet

Eine Frage, die Führungskräfte in Organisationen in unterschiedlichen Kulturen seit vielen Jahren bewegt, lautet: „Wie motiviere ich meine Mitarbeiter, ihre Arbeit und ihre Aufgaben gut zu machen, ihre Ziele zu erreichen und die richtigen Initiativen zu erarbeiten, um unsere Ergebnisse zu verbessern?“

Eine Frage, die Mitarbeiter in Organisationen in unterschiedlichen Kulturen seit vielen Jahren bewegt, lautet: „Wie kann ich sicherstellen, dass der Manager auf mich hört, damit wir endlich unsere wahren Probleme bewältigen können? Was die da oben aber beschäftigt, bleibt mir ein Rätsel.“

Diesen Fragen begegne ich während meiner Arbeit als Partner von großen und kleinen Organisationen fortwährend, seit vielen Jahren in unterschiedlichen Ländern innerhalb und außerhalb Europas. Es besteht eine Kluft zwischen Management und Mitarbeitern, die nicht auf natürliche Weise, wie etwa im familiären und privaten Umfeld, überbrückt werden kann.

Einige Beispiele

- *In einer großen öffentlichen Verwaltung bemüht sich das Management – vom Topmanager bis zum Teamleiter – über viele Jahre hinweg, die Organisation zu verändern und einen stärkeren Fokus auf den Kunden zu legen, um effizienter zu werden. Es ist sehr beschäftigt damit, einen Weg dorthin zu suchen. Die jährliche Umfrage zur Mitarbeiterzufriedenheit zeigt jedoch rückläufige Zahlen, was die Beurteilung der Führung angeht. Wo sind die Manager, und um Gottes willen, was tun sie, sagen die Mitarbeiter. Wie schaffen wir es, die Menschen zum Mitmachen anzuregen, sagen die Führungskräfte.*

- *In unserer Studie über Führung, die wir in vielen Organisationen in verschiedenen Ländern und Kulturen durchführen, legen wir Managern und Mitarbeitern einen Fragebogen vor, in dem wir einen Rundumblick auf die vier Qualitäten von Führung werfen: Das sind die Steuerung von Prozessen, das Coaching von Lernprozessen, die Entwicklung einer inspirierenden Vision sowie das Eingreifen in unakzeptablen Situationen. Die Führungskraft, ihr Chef, Mitarbeiter und Kollegen werden darin gleichermaßen eingebunden und beurteilen diese vier Qualitäten in Hinblick auf die Wirksamkeit in der Arbeitssituation. In dieser Studie hat sich gezeigt, dass es einen strukturellen Unterschied zwischen der Einschätzung des Managers und derjenigen seiner Mitarbeiter gibt. Die Stellungnahmen der Führungskräfte selbst, ihrer Vorgesetzten und Kollegen sind einander wesentlich ähnlicher als die Meinungen ihrer Mitarbeiter. Der Manager sieht sich selbst z. B. als einen sehr guten Coach seiner Mitarbeiter, der ihr Lernen fördert, während die Mitarbeiter meinen, dass der Manager genau eine Sache nicht kann, nämlich seine Mitarbeiter zu coachen. Genauso umgekehrt: Der Manager konstatiert, dass er im Eingreifen schwächelt, während die Mitarbeiter der Meinung sind, dass der Manager ständig eingreift.*
- *Jeden Tag kommt es zu Situationen, in denen eines gesagt und etwas anderes getan wird. Es gibt Entscheidungen, die nicht umgesetzt werden; Aussagen über Missionen und Visionen, denen nicht Folge geleistet wird. Es gibt große Projekte, gestartet mit guten Absichten, die schnell im Aufwand und in der Komplexität des Alltags untergehen.*

Dies ist eine Auswahl aus einer Vielzahl von Wahrnehmungen, Erfahrungen, Forschungsergebnissen, die zu dem gleichen Schluss kommen.

Dass dies ebenso dringliche wie schwierige Fragen sind, zeigt sich auch in den unermüdlichen Bemühungen, dieses Problem zu beheben.

Die große Zahl von Vorhaben zur Verbesserung der Beziehung zwischen Management und Mitarbeitern, die unüberschaubare Vielfalt an Kursen und Programmen, die versuchen, diese Frage zu beantworten, die endlose Fülle von Veränderungsaktivitäten – sie scheitern laut Studien weitgehend oder führen zu unbefriedigenden Ergebnissen. Die zunehmende Konzentration auf schwierige Veränderungsfragen und den Umgang mit Entwicklungsfragen in Form von Doktorarbeiten ist der lebende Beweis dafür, dass dieses Thema aktuell und wichtig ist und dass wir nicht wissen, wie wir damit umgehen sollen.[3,4]

Die Kluft zwischen Management und Mitarbeitern

Im Verlauf unserer eigenen, langfristigen Bemühungen, mit diesem Thema theoretisch und praktisch auf eine sinnvolle Weise umzugehen, erwuchs die folgende Hypothese:

Die Fragestellung der Kluft zwischen Management und Mitarbeitern kann in erster Linie als eine Frage von Organisationen betrachtet werden. Organisationen haben nun einmal eine Hierarchie, streben nach Zielerreichung, kennen ein umfangreiches System von Prozeduren, Funktionen, Aufgaben, Verfahren, Regeln und schließlich einen unterschiedlichen Verantwortungsgrad von Führungskräften und Mitarbeitern. Der Mitarbeiter befindet sich gewissermaßen im Geschäftsbereich des Managers, der verwaltet, bewertet und überwacht. Daraus ergibt sich ein Verhältnis von oben nach unten.

Eine Organisation ist tatsächlich ein künstlich geschaffener Kontext, innerhalb dessen wir in konstruierten zwischenmenschlichen Verhältnissen miteinander arbeiten müssen. Eine Organisation ist keine Familie mit Blutsbanden, die ein Leben lang halten sollen. Eine Organisation ist eine vorübergehende Angelegenheit, ein Teilzeitstück des Lebens, eine Möglichkeit unter vielen. Eine Organisation ist keine natürliche Verbindung von Familie und Haushalt, sondern wird durch wechselnde und sterbliche Menschen verwaltet. Eine Organisation erhält sich nicht selbst und hat keinen Sinn, als den Sinn und das Gefühl, die wir ihr, vielleicht, hinzufügen.

Das bedeutet, dass die selbstverständliche Eltern-Kind-Hierarchie aus dem Familienkontext – von der wir wissen, dass sie sich auf die Hierarchie zwischen den ältesten und den jüngsten Mitgliedern einer familiär geprägten Gemeinschaft gründet, und der wir alle begegnen – nicht selbstverständlich in unseren organisierten Verbänden zum Zuge kommt.

Der Chef kann der Sohn eines Mitarbeiters sein.

Es gibt einen Unterschied zwischen natürlichen und organisierten Aktivitäten. Die Gesetze natürlicher Beziehungen wirken nicht zwangsläufig im organisierten Arbeitsverband.

Wir können sogar sagen, dass, während in natürlichen Beziehungen ein grundlegendes harmonisches Prinzip zum Tragen kommt und jeder in einer Beziehung zu jedem steht, dieser harmonische Zusammenhalt in Organisationen nicht wirksam wird. Hier gibt es nur Paradoxe, entgegengesetzte Positionen und polare Beziehungen.

Das bedeutet, dass die beobachtete Kluft zwischen Management und Mitarbeitern nur ein Ausdruck dieser Paradoxie ist. Zusätzlicher Aufwand, der betrieben wird, dieses Paradox in Harmonie zu überführen (d. h. das Problem zu lösen und Veränderung zu realisieren), macht das Problem nur noch sichtbarer. Der Widerstand wächst spürbar, und es funktioniert nicht.

Das führt uns zu einem wesentlichen Punkt. In organisierten Zusammenhängen ist gerade die innere Erfahrung der beteiligten Personen eine wesentliche Komponente des Geschehens, doch ist sie nur schwer mitteilbar. Diese innere Erfahrung wird nicht von „Harmonie“, sondern von „Widersprüchen“ angetrieben. Wir leben in komplexen Zusammenhängen, die wir nicht kennen und nicht durchschauen. Wir sind nicht in der Lage vorherzusagen, was genau passieren wird, und wir können nicht entkommen („Ich gehe weg“) oder es einfach angehen („Ich verändere das“).

Dies zeigt uns auch, dass die zunehmende Betonung von Veränderung und Innovation ein wesentlicher Bestandteil der organisierten Existenz ist. Verändern heißt, zur Quelle zurückzugehen, Unstimmigkeiten beiseitezuräumen und harmonische Verhältnisse wiederherzustellen. Auch bedeutet Verändern, einen Schritt in eine unbekannte Zukunft zu gehen.

Neue Methodologien aus den Sozialwissenschaften

Wenn wir ein tieferes Verständnis für die dargestellte Fragestellung bekommen wollen – nämlich für das Verhältnis zwischen Management und Mitarbeiter und wie es insbesondere in Veränderungsprozessen gestaltet werden kann –, dann ist es sinnvoll, darauf zu achten, wie wir dieses Problem untersuchen und angehen können. Hierzu können wir uns an wichtigen Entwicklungen in den Sozialwissenschaften in den letzten Jahren orientieren. Diese Entwicklung würde ich charakterisieren als die Emanzipation der Sozialwissenschaften vom Kontext der Natur- und auch Geisteswissenschaften. Die Sozialwissenschaft sucht sich ihre eigene Methodologie, die zu Untersuchungen über organisierte Gemeinschaften passt, in denen wir mehr und mehr leben. Die Methodologie der Natur- und Geisteswissenschaften, die uns einen ersten Anhaltspunkt zum Gestalten und Untersuchen dieser organisierten Zusammenhänge bot, reicht heute nicht mehr aus, um diese komplexen, selbst geschaffenen Welten zu beherrschen und zu untersuchen. Wir benötigen eine eigene sozialwissenschaftliche Untersuchungsmethodologie, die uns tiefere Einblicke in Vorgänge ermöglicht, uns aber auch lehrt, wie wir sinnvoll mit diesem komplexen organisierten Leben umgehen und es mit Inhalten füllen können. Auf diesen Satz wollen wir hier näher eingehen.

Die auf Emanzipation gerichtete Entwicklung der Sozialwissenschaften will ich wie folgt charakterisieren.

Das Objekt der Naturwissenschaften war und ist die Natur, dasjenige der Geisteswissenschaften der Geist. Natur und Geist haben Gesetze, die wir forschend zu identifizieren versuchen. Diese Forschung ermöglicht einen Einblick in Muster, der uns hilft, Natur und Geist in den Griff zu bekommen. Ein gutes Beispiel dafür ist die Technik.

Gleichzeitig bewegen wir uns deshalb mehr und mehr hin zu einer selbst konstruierten Welt. Die natürlichen Gesetze von Natur und Geist sind nicht mehr selbstverständlich wirksam in organisierten menschlichen Verbindungen.

Zwei Beispiele:

- *Wenn wir Öl in Benzin umwandeln und damit unsere Autos antreiben, dann benötigen wir dafür Systeme, welche jedoch versagen können. Wir stehen am Straßenrand und warten auf die Pannenhilfe.*
- *Oder wir haben mühevoll ein Qualitätsmanagementsystem aufgebaut, um die Produkt- und Prozesssteuerung sicherzustellen, und stellen fest, dass niemand sich exakt daran hält und stattdessen alte Praktiken fortgesetzt werden.*

Die wichtigste erste Erkenntnis in den Sozialwissenschaften ist die Idee, dass im Sozialen und Zwischenmenschlichen Aktion und Erkenntnis Hand in Hand gehen. Forschung wirkt sich auf die untersuchte Situation aus und verändert diese.

Die zweite Erkenntnis ist, dass in der Praxis der Sozialwissenschaften ein dialogischer Ansatz gefragt ist. Es handelt sich nicht um eine Subjekt-Objekt-Beziehung wie bei Geist und Natur, sondern um eine Subjekt-Subjekt-Beziehung. Dies zu sehen erlaubt uns der Konstruktivismus. Das „Wer" und das „Was" sind miteinander verbunden.[5]

Die dritte Erkenntnis ist, dass Handlung und Einsicht in einem Verhältnis zueinander stehen, dass erst nachträglich ein Sinn hinzugefügt wird und dass diese Sinngebung nicht eindeutig ist. Was Menschen zusammen erleben, kann völlig verschieden wahrgenommen und beurteilt werden.[6]

Die vierte Erkenntnis ist, dass im Sozialen alles in Veränderung und Entwicklung begriffen ist und dass durch fortlaufende, regelmäßige Wiederholung eigene Gesetzmäßigkeiten passend zur Zeit und zum Kontext entstehen, die dem Sozialen maßgeblich Form geben. Wenn gemäß anderen Gesetzmäßigkeiten gehandelt wird, ergeben sich abweichende soziale Realitäten. Überzeugungen, Werte und Standards, die zum Zuge kommen, haben keine absolute Wirkung aus sich selbst heraus, sondern erst im Kontext menschlichen Handelns, welches sie anwendet und auch verändern kann. Allerdings gibt es bestimmte vorhersehbare Effekte des Kontextes, die jedoch im Nachhinein unterschiedlich wahrgenommen und beurteilt werden können.[7]

Im Umgang mit dem Paradoxen der menschlichen Schöpfungen, im Umgang mit schwierigen Situationen und beim Einsatz von Entwicklungsfragen scheint es von Bedeutung, nicht nur äußere Phänomene mit einzubeziehen, die sogenannten Tatsachen, sondern auch Aufmerksamkeit auf die Prozesse, Wirkungen, Erscheinungen, Erfahrungen, Urteile und Entscheidungen zu lenken, die Menschen innerlich vollziehen und mit denen sie leben. Dies ist wichtig, weil gerade in diesen inneren Welten etwas bewegt werden muss, wenn es darum geht, die Kluft zwischen Management und Mitarbeitern zu analysieren und anzupacken.

Die Methodologie der sozialen Evidenz, auf ihrem jetzigen und ihrem zukünftigen Entwicklungsstand, kann diesbezüglich Antworten liefern. Sie bietet eine Möglichkeit und Grundlage, um die sozialen und zwischenmenschlichen Realitäten, um die Werke, die daraus hervorgehen, zu untersuchen und zu bewältigen.

Das Studieren der Ausführungen in diesem Buch kann Sie in die „Geheimnisse" dieser Methodologie einführen. Es kann Ihr eigenes Analyse- und Handlungsrepertoire im Bereich des sozialen, organisierten Lebens erweitern.

Als ersten Schritt wollen wir nun untersuchen, wie wir eine Verbindung zwischen innerer und äußerer Welt herstellen und wie wir menschengemäße Veränderungsprozesse, die die Seele des Menschen berücksichtigen, einrichten können, in denen beide Welten zusammenspielen können.

3. Eine Verbindung zwischen innerer und äußerer Welt schaffen

Im Umgang mit schwierigen Situationen in Organisationen müssen die innere geistige Leistungsfähigkeit, die gefühlsmäßige Bereitschaft, die kreative Tatkraft von Einzelpersonen und von Teams eindringlich adressiert werden. Es reicht nicht aus, sich intelligente Systeme auszudenken, die Veränderungen zustande bringen können. Es ist notwendig, zunächst die innere Welt von Menschen zu berühren, einander gegenseitig daran teilhaben zu lassen. Dadurch entsteht eine Möglichkeit, um in Bewegung zu kommen und die innere und äußere Welt in ein neues Verhältnis zu setzen.

Die Verbindung zwischen innerer und äußerer Welt finden wir in dem, was wir hier die menschliche Seele nennen werden. Der Begriff „menschliche Seele" ist alt und umstritten. Gibt es so etwas wie die menschliche Seele, und wenn ja, wie sieht sie aus?

Im Sozialen könnte man sagen:

Die Seele ist, was sich in uns und zwischen uns abspielt.

Zur Beantwortung dieser Frage der menschlichen Seele gehen wir von der Prämisse aus, dass der menschliche Geist und der menschliche Körper Teil einer natürlichen und harmonischen organischen Welt sind. Für die Seele gilt dies nicht. Sie ist paradox, von Gegensätzen geprägt. Das wollen wir hier zeigen.[8]

Als Ansatzpunkt zur Erforschung des Paradoxen der Seele und der daraus folgenden Notwendigkeit, eine Verbindung zwischen innerer und äußerer Welt zu schaffen, verwenden wir die folgenden vier Prinzipien.

- *Als Erstes die Wahrnehmung.* Die Wahrnehmung schlägt eine Brücke zwischen innerer und äußerer Welt.
- *Als Zweites die Sprache.* Mit der Sprache drücken wir die Verbindung von innerer und äußerer Welt aus.

- *Als Drittes die Urteilsbildung.* Mit unserem Urteil schaffen wir eine Verbindung zwischen innerer und äußerer Welt.
- *Als Viertes die Sinngebung.* Durch Sinngebung schöpfen wir Bedeutung aus der inneren Welt für die äußere Welt und umgekehrt.

Diese vier Prinzipien der Wahrnehmung, der Sprache, des Urteils und der Sinngebung sind grundlegende Prinzipien für den Brückenschlag zwischen innerer und äußerer Welt, wenn wir an schwierigen Fragen arbeiten. So begegnen Führungskräfte und Mitarbeiter einander oder gehen geradewegs aneinander vorbei.

Wir wollen die Eigenschaften dieser vier Prinzipien kurz beleuchten.

Die Wahrnehmung

Wir verfügen über Sinne. Wir können sehen, hören, tasten, riechen, schmecken. Wir ziehen gleichsam mithilfe der Sinne die äußere in die innere Welt hinein.[9] Unser Körper ist darauf ausgerichtet, diese Wahrnehmungen zu verarbeiten. Wir sind uns dessen nur vage bewusst. Die Verdauung von Nahrungsmitteln, die Verarbeitung von Eindrücken, Erfahrungen, Sinnesreizen usw. ist ein kontinuierlicher Prozess der Wahrnehmung. Unsere Haut, unsere Organe, Nerven, unser Blut sind an diesem Prozess der Wahrnehmung beteiligt. Gesundheit und Krankheit spiegeln diesen Prozess der Wahrnehmung wider.

Die Sprache

Mit der Sprache können wir uns ausdrücken. Wir können unsere innere Welt, was darin stattfindet, sichtbar und erlebbar machen durch die Sprache, die wir verwenden. Die Worte, die wir verwenden, die Sätze, die wir zusammenfügen, die Gesten, die wir ausführen, das Gefühl, welches wir hineinlegen, und auch die Willensrichtung, die darin zum Vorschein kommt, äußern sich mithilfe der Sprache. Wörter und Sätze bringen Begriffe und Ideen in die Welt, die demjenigen Bedeutung verleihen, woran wir teilhaben. Durch die Sprache können wir kommunizieren und einander begegnen. Dazu gehört auch die Körpersprache.

Die Urteilsbildung

Was wir wahrnehmen und was wir sprachlich ausdrücken, steht in keinem natürlichen Zusammenhang miteinander. Dieser Umstand weist auf das Paradoxe der Seele hin. Wir haben mit Widersprüchen, mit Veränderungen zu tun. Wir sehen es plötzlich anders, wir sehen oder hören etwas, was uns ehedem entgangen ist. Wir sind gezwungen, kontinuierlich abzuwägen, fortwährend die innere zur äußeren Welt in Verbindung zu bringen.[10] Dabei begegnen wir auch anderen, die uns in Bewegung bringen. Die Urteile, die sich in uns bilden, offenbaren, wie wir diese Verbindungen hervorbringen. Urteilsbildung ist das Schaffen einer Verbindung durch einen Prozess der Interpretation. Der Interpretationsprozess ist ein zwischenmenschliches Ereignis, eine kontinuierliche Bewertung, eine Neuorientierung, das Zuweisen eines Ortes. Urteile bilden die Grundlage für Entscheidungen, die wir treffen, für Maßnahmen, die wir ergreifen, Bewegungen, die wir machen.[11] Sie können richtig sein, aber auch falsch. Das zeigt die Wirkung des Urteils im sozialen Kontext. Urteile erweisen sich nicht als absolut, sondern als relativ.

Die Sinngebung

Wollen wir nicht verloren gehen in dieser Welt der menschlichen Schöpfungen, dann müssen wir uns mit der Frage der Moral beschäftigen. Spielt es eine Rolle, was wir sagen, erleben, tun? Was bewirkt das? Wirkt es auf andere destruktiv oder doch aufbauend?

Wir treten ein in eine Welt der Bedeutungen, in der wir selbst schaffend tätig sind. Wir fallen aus der Welt der natürlichen Moral heraus und tragen die Verantwortung für unsere Wahrnehmungen, unsere Sprache, Urteile und Entscheidungen selbst. Im Sozialen ist nicht objektiv vorgegeben, was erlaubt oder verboten, wozu ermutigt und was zurückgedrängt wird, sondern es muss immer wieder zwischen Menschen verhandelt werden, die davon betroffen sind und damit zu tun haben. So entsteht unterschiedliche Moral, und dies fordert von uns eine Stellungnahme ein, einen eigenen Standpunkt, ein eigenes Urteil und eine Entscheidung. Dafür müssen wir eine Fähigkeit zur moralischen Sinngebung entwickeln. Eine Ich-Moral. Eine Wir-Moral.

Womit wir in der natürlichen und geistigen Welt gewissermaßen in Vollendung zu tun haben – dass alles mit allem zusammenhängt –, das ist in der Welt unserer eigenen Schöpfungen, in den Organisationen eher eine Frage der Unvollkommenheit.

Die Situation, von der wir ausgehen können, ist, dass es nicht stimmig ist. Wir sind eingeschränkt in unserer Wahrnehmung, in der Art, wie wir uns sprachlich ausdrücken, unvollkommen in den Urteilen, die wir fällen, und in dem moralischen Sinn, den wir hinzufügen. Das sah bereits Aristoteles so, und auch das Alte und Neue Testament beschreiben es. Thomas von Aquin, Hannah Ahrendt, Habermas, Heidegger und viele andere sprechen davon. Insbesondere zeigt es sich aber an unserem unentwegten Streben, unser Leben in organisierten Kontexten stimmig zu bekommen. Es ist schön, wenn wir einmal erfolgreich dabei sind. Sie können das am besten als Kunde einer Organisation erleben.

- *Zum Beispiel, wenn Sie an Ihrem Geburtstag beim Essen, welches Sie in Ihrem Lieblingsrestaurant organisiert haben, hervorragend bedient werden. Das Essen schmeckt, der Preis ist erschwinglich, die Gäste genießen es, Beziehungen werden gestärkt. Das Personal hat bei der Arbeit an diesem Abend ein gutes Gefühl, der Restaurantbesitzer denkt, dass er gut beschäftigt ist. Sie denken alle noch lange wohlwollend daran zurück.*
- *Ein weiteres Beispiel ist die Entscheidung, den kleinen Hinterhof völlig umzugestalten. Das Gespräch mit dem Besitzer des Gartenunternehmens läuft erfreulich und glatt. Er denkt bei Ihrem eigenen Entwurf mit. Sobald der Prozess beginnt, arbeiten die beiden Gärtner harmonisch zusammen, wissen, welche Schritte sie tun müssen, konsultieren Sie nötigenfalls, bringen ihre eigene Initiative mit ein und schätzen den Kaffee mit Kuchen und den Saft, der regelmäßig angeboten wird. Sie sind sich mit Ihrem Partner einig, dass ein gutes Trinkgeld am Ende des Prozesses angemessen ist. Sie bezahlen die Rechnung mit Vergnügen. Sie*

genießen die Sonne, während Sie auf Ihrer schönen neuen Terrasse sitzen.

Wenn man jedoch anfängt, solches zu beobachten, stellt sich heraus, dass in vielen Prozessen, an denen Sie als Kunde oder Mitarbeiter beteiligt sind, einiges nicht funktioniert. Ständig gibt es Störungen, Erwartungen werden nicht erfüllt, die Leistungserbringung gelingt nicht, das Ergebnis ist enttäuschend. Im Sozialen sind wir gefordert, kontinuierliche Anpassungen vorzunehmen und Prozesse, in die wir eingebunden sind, zu versorgen. Wir sind herausgefordert, im Blick zu behalten, wie unsere und die Wünsche anderer berücksichtigt sind, was der Sinn und die Bedeutung des Ganzen sind, wie wir weitergehen wollen.

Damit können wir umgehen, wenn wir ein Bewusstsein dafür entwickeln, was im Sozialen vor sich geht. Es gibt dazu viel zu sagen.

Die Entwicklung eines Bewusstseins für das Soziale, dafür, wie wir miteinander umgehen, ist, was Führungskräfte und Mitarbeiter zueinander bringen kann. Dann kann ein fundamentaler Unterschied in der Art bewirkt werden, wie es zwischen uns funktioniert – wenn wir, anstatt in einer vertikalen hierarchischen Beziehung, in einer horizontalen dialogischen Verbindung miteinander stehen. Die vertikale Beziehung basiert hauptsächlich auf Macht, die horizontale auf Begegnung. Im Vertikalen dominiert das Funktionale, sind wir auf einen Output konzentriert. Im Horizontalen dominiert das Persönliche, sind wir auf einen inspirierenden Input fokussiert. Gerade in Veränderungsprozessen mit schwierigen Fragen ist die Kunst gefragt, das Horizontale zu mobilisieren.

Das Horizontale kann man als den Rahmen sehen, den wir zueinander eröffnen, um uns zu begegnen und zusammen zu arbeiten. Es ist der Rahmen, in dem sich die Seele eines Menschen lebendig zeigen kann. Horizontale Führung macht dies möglich.

Das horizontale Mobilisieren beginnt mit der Untersuchung der Ausgangsfrage unter stärkerer Berücksichtigung der vier Prinzipien Wahrnehmung, Sprache, Urteilsbildung und Sinngebung.

Während unserer Arbeit als Leiter und Berater von Veränderungsprozessen, die sich auf Entwicklungsfragen richten, haben wir für Menschen und Organisationen eine Methodologie entwickelt, die uns helfen kann, auf eine moralische Art mit Missverhältnissen innerhalb und außerhalb von uns selbst umzugehen und Veränderungen auf eine beseelte, kreative und sinnvolle Weise und damit menschengemäß zu gestalten.[12]

4. Kernbegriffe der Methodologie der sozialen Evidenz

Während unserer Bemühungen, eine sinnvolle Methodologie für den Umgang mit schwierigen Fragen in Organisationsentwicklungsprozessen zu entwickeln, für den unsteten zwischenmenschlichen Bereich, sind wir zunächst auf drei Begriffe gestoßen, die in jeder Situation, in jedem Moment von wesentlicher Bedeutung sind und der Aufmerksamkeit bedürfen, wenn es um das Verändern geht.

Das sind die Begriffe **Prozess** – **Dialog** – **Biografie**.
Diese Begriffe werden wir hier erläutern.

Daneben sind wir einigen wesentlichen wissenschaftlichen Ansatzpunkten auf die Spur gekommen, angewandt in den Natur- und Geisteswissenschaften, die auch nutzbringend in der Sozialforschung anwendbar sind, besonders im Umgang mit grundlegenden, nur langsam lösbaren Veränderungsfragen von Organisationen.

Diese Ansatzpunkte sind:

- Wir sehen Fragen als einen Ausdruck von dahinter liegenden Missverhältnissen/Ungleichgewichten, die wir in Bewegung bringen wollen.
- Wir gehen von dem Wahrnehmbaren aus und kommen auch immer wieder darauf zurück.
- Wir stellen unsere Wahrnehmungen, Urteile und Schlussfolgerungen mit anderen, die Teil der betreffenden Gemeinschaft sind, auf die Probe, um zu sehen, ob sie zutreffen.
- Wir ermutigen einander, Geschichten rund um die Frage zu erzählen, die uns beschäftigt, und achten beim Zuhören auf Sinn- und Bedeutungsgebung.
- Wir folgen aufmerksam steuernden Auffassungen, die das Verhalten in der Situation lenken und die auf moralischen Überzeugungen beruhen.

Auch diese Ausgangspunkte werden wir im Folgenden kurz erläutern.

Begriffe: Prozess – Dialog – Biografie

Wir leben unser Leben in Prozessen. Wir erleben nicht nur natürliche Prozesse wie Schlafen und Essen, sondern auch organisierte Prozesse wie Arbeiten, Reisen und Studieren.

Wir sehen Prozesse als eine rhythmische Wiederholung von Aktivitäten, die wir, auch gemeinsam mit anderen, ausführen.

Jeder Prozess hat einen Takt, einen Rhythmus und eine Melodie.[13]

Der Takt ist der Wiederholungszyklus. Der Rhythmus ist, was sich zwischen innerer und äußerer Welt abspielt. Und die Melodie ist die Frage, das Thema, um das es geht.

Menschen bewegen sich in Zyklen von Takt – Rhythmus – Melodie, und sie müssen improvisierend damit umgehen. Selbst wenn es eine Wiederholung ist, entspricht diese Wiederholung im Sozialen nie genau dem vorangegangenen Zyklus.

> *Zum Beispiel sitzen wir jeden Montagmorgen in einer Sitzung, die drei Stunden dauert und bei der die Tagesordnungspunkte diskutiert werden. Wir folgen der Tagesordnung, reden miteinander und einige bestimmte Themen werden erörtert und abgestimmt.*

Wir sind mit der Tatsache konfrontiert, dass wir Prozesse entwerfen, durchführen und anpassen müssen. Wo natürliche Prozesse gesetzmäßig stattfinden – die Sonne geht auf und unter –, da vollziehen sich menschliche Prozesse nach Takt, Rhythmus, Melodie, deren Fundamente wir selbst bauen. Es ist mithin eine Kunst, einen guten Prozess einzurichten und durchzuführen.

> *So können wir beschließen, dass die Sitzung am Montagmorgen zu langwierig, energieraubend und wenig produktiv ist und dass wir die Art, wie wir Sitzungen abhalten, verändern wollen. Wir benennen zum Beispiel bei jedem Punkt einen Problemeigner, begrenzen Diskussionszeiten und beenden jeden Punkt mit einer klaren Vereinbarung.*

Prozesse finden sozusagen zwischen den Dingen statt. Wir sehen sie nicht, aber sie sind doch da. Unser Augenmerk liegt häufig auf Dingen, auf Problemen und Inhalten. Und wir haben keinen intuitiven Blick dafür, wie ein Prozess abläuft und eingerichtet ist. Da wir außerdem parallel und gleichzeitig in verschiedene Prozesse eingebunden sind, können schnell Missverhältnisse bzw. Ungleichgewichte auftreten. Wir vollziehen am selben Tag einen Arbeitsprozess, einen familiären Prozess, einen persönlichen Lernprozess und müssen bei jedem Übergang vom einen zum anderen Prozess umschalten. Manchmal gelingt das nicht hinreichend. Wir geraten in Schwierigkeiten. Unser Verhalten in sozialen Situationen wird weitgehend bestimmt durch die Art, wie ein Prozess verläuft und wie Prozesse aufeinander abgestimmt sind. Das gilt nicht nur für die tatsächlichen Handlungen, sondern auch für unsere gleichzeitig ablaufenden Emotionen und Gedanken. Funktioniert der Prozess nicht, dann legen wir ein sonderbares Verhalten an den Tag. Das gilt bis ins kleinste Detail.

> *Es kommt kein Wasser aus dem Hahn, wenn Sie unter der Dusche stehen; bei jeder Bahnfahrt verpassen Sie Ihren Anschluss; der Kollege macht die gleiche gemeine Bemerkung an einem ganz bestimmten Punkt in der Sitzung und so weiter.*

Schauen Sie einmal in den Spiegel, wie Sie reagieren würden. Innenwelt und Außenwelt treten in ein Spannungsverhältnis miteinander.

Wir sind in diesen Prozessen nicht allein. Wir begegnen anderen – z. B. in einer Kunden-Lieferanten-Beziehung, in einer Chef-Mitarbeiter- oder in einer kollegialen Beziehung. Wir arbeiten mit anderen zusammen, reagieren aufeinander, sind dabei auch voneinander abhängig. Dies kann ein Miteinander-Ringen sein, aber auch ein gemeinsames Fest. Wir verstehen einander, wir meinen das Gleiche, wir spielen uns gegenseitig den Ball zu, wir gehen auf einander ein. **Wir befinden uns in einem ständigen Dialog mit anderen.** Das gilt sicherlich auch für den Wert, dem wir unserem Tun beimessen, dem, woran wir beteiligt sind und was uns zustößt. Wir führen Dialog miteinander, um herauszufinden, was los ist, was wir davon halten. Dialog kann man als „einander helfen" beschreiben. Nicht einer bedient den anderen, wir bedienen einander. Es ist ein Verkehr in zwei Richtungen. Wir sind in unserer Zusammenarbeit beispielsweise nicht nur Kunde des anderen, sondern immer gleichzeitig auch Lieferant. Es handelt sich um ein echtes Austauschverhältnis. Aber wir erleben auch Machtverhältnisse, wo der eine über den anderen bestimmt. Wir erleben außerdem Lernbeziehungen, in denen wir gemeinsam forschen und entdecken. Die Qualität des Dialogs hat einen großen Einfluss auf die Qualität der Erfahrung. Wir bringen Innenwelt und Außenwelt in ein Zusammenspiel, in eine Schwingung, in ein energiegeladenes Hin-und-her-Pendeln. Wir nehmen ein und wir geben aus, wir füttern und werden gefüttert, wir unterstützen und werden unterstützt.

Stunden, Tage, Wochen, Monate, jahrelang durchlaufen wir Prozesse, stehen in Dialog mit anderen, entwickeln eine eigene Lebensgeschichte, unsere eigene Biografie.[14] Wir malen mit den Fingern Zeichen in die Erde, wir hinterlassen Spuren in der Zeit, wir landen im Leben anderer. Die Biografie, die Lebensgeschichte, bildet den Rahmen für unsere Sinngebung. Was uns passiert, was wir erleben, bekommt einen Platz in unserer Biografie und verknüpft sich mit unserem Gedächtnis und unserem Gewissen. Es nährt die Seele und bringt unsere eigene Persönlichkeit hervor. Unsere Biografie verbindet sich mit Biografien von anderen und auch mit Biografien von Organisationen. Wir werden Teil eines größeren Ganzen. Wir finden unsere Freunde, mit denen wir gemeinsame Interessen teilen, mit denen wir uns auf den Weg machen, mit denen wir unsere Ansichten und Erfahrungen austauschen. Jede Biografie ist einzigartig und doch Teil eines größeren Ganzen. Wir werden durch unsere Umgebung geprägt, schaffen aber auch eigene Situationen und Bedeutungen, die einen Platz in unserer eigenen Lebensgeschichte erhalten. Der Mensch schafft mehr und mehr seine eigene Biografie. Wir sind nicht mehr nur der Sohn unseres Vaters und unserer Mutter, der Sohn unseres Landes, sondern wir sind der, den wir selbst geschaffen haben und der durch andere geschaffen wurde. In der Biografie verarbeiten wir alle Lebensinhalte und formen sie mit neuen Bedeutungen aufgeladen um. In der Biografie geben wir unserem Leben Sinn.

Diese drei, **Prozess – Dialog – Biografie**, sind wichtige Ausgangspunkte im Sozialen, denen wir im eigenen Leben und auch im gemeinschaftlichen Leben, das wir führen, Form und Sinn geben können. Sie bilden die Grundlage für moderne Lebenskunst in organisatorischen Kontexten. Dies gilt insbesondere für unseren Umgang mit Entwicklungsfragen und hartnäckigen Problemen.

Es ist eine Kunst, in Organisationen Prozesse einzurichten und durchzuführen, die fließend sind und die Resultate hervorbringen, mit denen wir weiter vorangehen können.[15] Es gibt ein Wissen um Entwicklungsprozesse, das wir anwenden können, wenn wir unbequeme Veränderungsprozesse, Lernprozesse, Arbeitsprozesse, Prozesse der Zusammenarbeit, Sinngebungsprozesse in Organisationen gestalten.

Es ist eine Kunst, gerade in solchen Zusammenhängen gute Dialoge zu führen, einander ins Spiel zu bringen, aufeinander einzugehen. In dem Maße, wie uns das gelingt, entstehen Synergie, Wertschöpfung, die dem Bestehenden etwas hinzufügen. Dieses Wissen beinhaltet Fähigkeiten und Kompetenzen, das Schaffen anderer Verhältnisse und das Treffen guter Entscheidungen.

Es ist vor allem in organisatorischen Veränderungsprozessen eine Kunst, einen biografischen Zusammenhang zwischen unserem eigenen Leben und dem Leben anderer herzustellen, zwischen unserer Biografie und der Biografie von Organisationen, mit denen wir zu tun haben.[16]

Man könnte sagen, je besser man in seinen eigenen Prozessen „steht“, umso intensiver ist der Dialog. Und je sinnvoller dieser im Kontext der eigenen Biografie erfahren wird, umso eher sind wir bei uns und im Leben unserer Organisation verankert und können unsere persönlichen Ziele als Mensch besser erreichen.

Mit zunehmendem Alter der Menschen und Organisationen macht sich dies immer stärker bemerkbar. Dann begegnen wir den Früchten, aber auch den versäumten Gelegenheiten und unverarbeiteten Fehlschlägen.

In dem Maße, wie diese drei, **Prozess – Dialog – Biografie**, versorgt werden, können innere und äußere Welt stärker aufeinander bezogen werden und kann die Seele gedeihen. Das ist bedeutsam und wesentlich in Veränderungsprozessen von Organisationen und sorgt dafür, dass die Kluft zwischen Führungskraft und Mitarbeiter in der organisierten Gemeinschaft überbrückt werden kann, indem wir einander zuallererst im Hinblick auf unsere persönlichen Qualitäten begegnen und miteinander umgehen.[17] Wir können den vertikalen funktionalen Umgang von Führungskräften und Mitarbeitern im täglichen Betrieb hinter uns lassen und uns auf persönliche und horizontale Weise miteinander auf den Weg der Veränderung und Entwicklung begeben. Sowohl die operative Arbeit als auch das gemeinsame Entwickeln können gut nebeneinander ablaufen, solange wir ein gemeinsames Bewusstsein dafür kultivieren.[18]

Ansatzpunkte

Um ein gesteigertes Bewusstsein für den Umgang mit Veränderungsprozessen in Organisationen zu bekommen, empfiehlt es sich, im Organisationskontext einige methodische Ansatzpunkte zu berücksichtigen, die in den Natur- und Geisteswissenschaften ihren Wert unter Beweis gestellt haben. Sie können uns beim Umgang mit der organisierten sozialen Realität unterstützen und begleiten.

Ansatzpunkt 1: Wir gehen immer von Fragen aus, die aufzeigen, wo unter den gegebenen Verhältnissen Ungleichgewichte bestehen, die wir in Bewegung bringen wollen.[19]

Es macht z. B. Sinn, Probleme nicht isoliert zu betrachten, sondern als Ausdruck des Ungleichgewichtes zwischen mehreren Realitäten. Wir kommen immer wieder auf die Fragestellung zurück, um zu klären: Was ist die Frage? Fragen in der organisierten sozialen Realität sind nicht objektiv, sondern subjektiv. Wenn wir die Frage untersuchen, scheint sie sich zu verändern. Sie hat mehrere unterscheidbare Seiten. Eine Frage ist nicht eindeutig, sondern wird durch verschiedene Menschen unterschiedlich gesehen und erlebt. Wenn wir uns mit Fragen beschäftigen, die aufmerksam machen, passiert schon einiges. Die

Sicht auf die Verhältnisse kommt in Bewegung. Sie werden die Sache plötzlich ein wenig anders sehen, ihr einen anderen Wert beimessen, Ihr Urteil ändern. Fragen bringen uns in diesem Sinne weiter, aber sie kommen auch immer wieder in einem neuen Gewand zurück. Das gilt vor allem für grundlegende Fragen, innere Entwicklungsfragen, die langsam auf eine Lösung hinwirken.

Ansatzpunkt 2: Wir gehen vom Wahrnehmbaren aus und kommen immer wieder darauf zurück.

Fragen können mit uns durchgehen. Wir beißen uns in ihnen abstrakt fest. Wir haben eine feste Meinung und ein klares Urteil, wir finden etwas deutlich, und manchmal „hat der andere das nicht verstanden". Inzwischen entwickelt sich die Frage weiter und neue Ereignisse treten auf. Was tun?

Wir werden immer wieder zu unserer Wahrnehmung der sozialen Wirklichkeit zurückgehen müssen. Wie sieht es nun konkret aus? Die sogenannten Fakten spielen eine wichtige Rolle. Das sind unsere konkreten Wahrnehmungen und Erfahrungen, aber auch die Akkumulation von Ereignissen, die in Statistiken zum Vorschein kommen. Eine fruchtbare Perspektive im Sozialen ist es zu beobachten, wie eine Frage sich entwickelt, wie sie sich verändert, wie sie einen Verwandlungsort findet, und nicht selten, wie die Frage auf einer anderen Bewusstseinsebene zurückkehrt.[20] Indem man immer wieder auf die Wahrnehmung zurückgeht, können wir eine Vorstellung davon bekommen, was, wie und warum sich eine Frage entwickelt.[21]

Ansatzpunkt 3: Wir stellen unsere Wahrnehmungen, unsere Urteile und Schlussfolgerungen mit anderen auf den Prüfstand, die Teil der betreffenden Gemeinschaft sind, um zu sehen, ob sie zutreffen.[22]

Wir sind nicht alleine auf der Welt, sondern mit anderen. Wir leben in Gemeinschaften und haben mit Gruppen und Einzelpersonen zu tun. Es ist sinnvoll, immer wieder zu prüfen, wie die anderen es sehen. Das gilt vor allem für diejenigen, die an der Situation, die durch die Frage berührt wird, beteiligt sind, z. B. Kunden, Lieferanten oder Kollegen. Durch den Austausch, wie die Frage von anderen wahrgenommen und ob sie überhaupt gesehen wird, stellen wir die Frage ins Verhältnis und können besser beurteilen, was sie ausmacht. Ich kann eine Frage sehen, die andere überhaupt nicht oder nicht so wahrnehmen. Durch gemeinsame Erkundung und gemeinsamen Austausch kommen auch verschiedene Seiten der Frage ans Licht.

Ansatzpunkt 4: Wir fördern Geschichten zutage, die rund um die Frage erzählt werden, die uns beschäftigt, und achten aufmerksam auf Sinn- und Bedeutungsgebung.[23]

Wir müssen uns in unseren Nachforschungen vor allem den Geschichten widmen, die erzählt werden. Wir können diese Geschichten inhaltlich häufig nicht bis ins Detail verstehen, aber wir können gut beobachten, wie der Erzähler sich zu der Frage verhält. Wir haben mit individuellen Geschichten zu tun, und diese können unterschiedlich sein. Etwas, das wir zusammen erlebt haben, kann in zwei völlig verschiedene Geschichten münden. Und zwar deswegen, weil in den Geschichten das jeweils einzigartige Verhältnis von Innen- und Außenwelt zum Ausdruck kommt.[24]

Ansatzpunkt 5: Wir achten auf steuernde Auffassungen, die das Verhalten in einer Situation lenken und die auf moralischen Überzeugungen beruhen.

Hinter beobachtbaren Phänomenen spielen unsichtbare Dimensionen eine Rolle. Die Betroffenen haben ihre eigenen Überzeugungen, Werten und Normen im Gepäck und lassen sich in ihrem Verhalten zuallererst durch diese eigenen Auffassungen leiten. Die Ansichten stehen auf eine besondere Art im Verhältnis mit den Sichtweisen von anderen und mit den leitenden Auffassungen der organisierten Gemeinschaft. Solche Auffassungen können miteinander ringen und zu Auseinandersetzungen führen – zwischen Menschen. Konflikte können z. B. Ausdruck unterschiedlicher, gegensätzlicher Sichtweisen sein. Bedeutung und Sinngebung werden weitgehend durch die Leitwerte und Ideen der Betroffenen geprägt. Diese Werte und Ideen können in Bewegung kommen oder gebracht werden, was zu völlig anderen Interpretationen und Bewertungen führen kann.[25]

Die drei Begriffe **Prozess** – **Dialog** – **Biografie** und die **fünf Ansatzpunkte** können in den Grundübungen, die nun folgen, angewandt und erlebt werden. Sie ermöglichen es uns, die beschriebenen Begriffe und Vorgehensweisen zu erproben, was uns wiederum erlaubt, mit ihnen vertraut zu werden und sie verstärkt in der eigenen Praxis einzusetzen. Besonders diejenigen, die Führungsrollen innehaben, die sich in Veränderungsprozessen bewegen, und auch Lehrende und Studenten, die sich mit der hier behandelten Problematik und Methodologie auseinandersetzen wollen, werden einen Nutzen aus diesen Übungen ziehen.

5. Grundübungen der Methodologie der sozialen Evidenz

Wir beschreiben hier die sieben Grundübungen der Methodologie der sozialen Evidenz. Diese Übungen machen grundlegende Konzepte und Prinzipien erfahrbar, aber auch die Möglichkeiten, mit diesen Konzepten und Prinzipien im praktischen Leben zu arbeiten. Es geht nicht ohne Weiteres, diese Methodologie als Leitfaden für das eigene praktische Vorgehen und Reflektieren für sich handhabbar zu machen. Sie können sie vielleicht schnell verstehen, aber damit ist es noch nicht getan. Es braucht Übung, wie bei einem Musikinstrument, das man spielt.

Die sieben Grundübungen sind nebenbei auch eine gute Schulungsgrundlage für Führungskräfte, die horizontale Führung lernen wollen. Es handelt sich dabei um eine Art von Führung, die einen immensen kreativen und reflektiven Erfahrungsraum in der dynamischen sozialen Realität eröffnet. Wir nennen sie deshalb horizontale Führung, weil wir betonen wollen, dass sie sich im Zwischenmenschlichen vollzieht und auch im Zusammenspiel zwischen innerer und äußerer Welt. Sie unterscheidet sich damit von der vertikalen Führung, deren Ausgangsfrage wir in der Kluft zwischen Management und Mitarbeitern beschrieben haben. Die horizontale Führung überbrückt diese Kluft und gibt auch eine mögliche, fruchtbare Antwort auf das Urproblem von Organisationen, sich nämlich mit langsam zu lösenden, langsam wirkenden Entwicklungsfragen auseinandersetzen zu müssen.

Exkurs zum Unterschied zwischen Management und horizontalem Führen

Bevor wir die Grundübungen in den Blick nehmen, wollen wir hier noch einmal den Unterschied zwischen Management und horizontaler Führung beleuchten.

Im Wesentlichen ist Management das Organisieren von Rahmenbedingungen, während Führung sich zwischen Menschen abspielt.

Management ist eher auf operative Zielrealisierung gerichtet, während Führung Menschen zu den nächsten Entwicklungsschritten bringen möchte.

Management

Die üblichen Management-Mitarbeiter-Ansätze können wie folgt charakterisiert werden:

Manager sind damit beschäftigt, Ziele zu setzen und zu verwirklichen, Probleme zu erkennen und zu lösen, bei Streitfragen zwischen Mitarbeitern zu vermitteln, Entscheidungen zu treffen, Aktivitäten zu koordinieren, Zeitpläne und Strategien aufzusetzen, Vorschriften und Verfahren für Prozeduren einzuführen, kurzum: funktionale Systeme zu errichten, welche zu den gewünschten Resultaten führen. Die Mitarbeiter spielen hierin eine funktionale Rolle, wie das Wort bereits sagt. Von Mitarbeitern wird angenommen, dass sie sich in das Funktions- und Aufgabenpaket einfügen, welches ihnen zugedacht ist, dass sie mit anderen zusammenarbeiten und dass sie sich für ihr Funktionieren verantworten.

Manager sehen in diesem Sinne eigentlich immerzu an den Mitarbeitern vorbei, sie sehen sie im Lichte des gewünschten Funktionierens der Organisation.

Mitarbeiter sehen Manager als Verantwortliche, von denen sie abhängig sind und die für sie die Rahmenbedingungen schaffen müssen, um gut funktionieren zu können.

In dieser Anordnung wird schnell aufeinander gezeigt.

- Der Manager behauptet, seine Tür stehe den Mitarbeitern offen, die mit ihren Fragen und Problemen zu ihm kommen könnten. Die Vorstellung ist, dass der Manager Antworten und Lösungen anbietet.

  Wenn der Mitarbeiter kommt, ist der Manager nicht da und ist mit anderen Dingen und Überlegungen beschäftigt.
- Der Manager beobachtet die Arbeit der Mitarbeiter und greift korrigierend ein, wenn er das für richtig hält.

  Die Mitarbeiter besprechen gemeinsam, wie ihr Manager „tickt“, und bilden sich ihre Meinung dazu.

- Der Manager findet, dass die Mitarbeiter ihre Arbeitsweise verbessern müssen, und sorgt für Training und Schulung. Der Mitarbeiter findet, dass der Manager bessere Randbedingungen schaffen muss, damit die Arbeit gut gelingen kann.

Wenn es um operative Angelegenheiten geht – Arbeit und Produktion oder Dienstleistung, Zusammenarbeit, Durchführung von Arbeitsprozessen, Kontrolle von Qualität und Resultaten –, dann kann eine funktionale hierarchische Beziehung richtig gut funktionieren, wenn alle die erforderliche Disziplin aufweisen. Es erfordert eine gewisse Distanz, es ist notwendig, die funktionale Verbindung zwischen unterschiedlichen Interessen aufrechtzuerhalten, es setzt einen sorgfältigen Umgang mit Macht und Gegenmacht voraus. Natürliche Interessenkonflikte können ausbrechen, die hierarchisch, beispielsweise in Beurteilungsgesprächen, geschlichtet werden müssen. Dies führt dazu, dass unternehmensweite Gremien wie Betriebsrat und Gewerkschaft ins Leben gerufen werden müssen.

Horizontales Führen

Die beschriebene operative Beziehung zwischen Manager und Mitarbeiter kann so nicht funktionieren, wenn es um Veränderungen geht. Dann kommen plötzlich ganz andere Kräfte ins Spiel. Zunächst sind wir alle, Manager wie Mitarbeiter, betroffen und Teil der Veränderung. Auch weiß niemand genau, wie die Änderung aussehen wird und wie sie am besten realisiert werden kann. Ferner muss für eine Veränderung ein eigener Prozess ins Leben gerufen werden, der kein Arbeits-, sondern ein Untersuchungs- und Entwicklungsprozess ist. Es geht hier eher darum, neuen Input zu finden, passende Ideen und Inhalte, die uns weiterbringen können. In gewisser Weise begeben wir uns weg von einem Macht- und hin zu einem dialogischen Verhältnis. Wir machen uns gemeinsam auf den Weg, jeder leistet seinen Beitrag, wir entwickeln eigene Rollen, und wir sind angekommen, wenn wir uns in einer neuen Beziehung zueinander befinden.[26]

Für Manager und Mitarbeiter ist es mühsam, in derselben Infrastruktur einer Organisation beidem gerecht zu werden. Die üblichen betrieblichen Infrastrukturen mit ihren Zielen und Systemen sind für Veränderungsprozesse nicht geeignet. Diese bedürfen einer anderen, zeitbezogenen Infrastruktur. Diese Infrastruktur ist horizontal angelegt und sie legt ihren Schwerpunkt auf Zeit. Es geht um rhythmischen Dialog und reflektiven Austausch zwischen Beteiligten, in denen diese ihre Erfahrungen und Erkenntnisse teilen und sich gegenseitig bei den nächsten Schritten unterstützen. Das ist Forschungs- und Entdeckungsarbeit. Sie gehört zum Prozess der horizontalen Führung, an dem alle teilhaben. Die Voraussetzungen, die dafür nötig sind, werden im Verlauf des Prozesses gefunden und eingerichtet. Das steht in Kontrast zu den üblichen betrieblichen Prozessen, für die wir zunächst die Voraussetzungen schaffen, bevor wir produzieren oder Dienstleistungen anbieten können.

Die 7 Kernübungen

Vor dem Hintergrund dieser Unterscheidung zwischen Management und horizontalem Führen werden von Managern und Mitarbeitern in operativen Prozessen und in Prozessen, die mit Veränderungen zu tun haben, unterschiedliche Fähigkeiten gefordert. Die folgenden Übungen machen Veränderungsfähigkeiten und die Fähigkeit, horizontal zu führen, erfahrbar und lernbar. Wir nennen sie Grundübungen, um zu verdeutlichen, dass alles darauf ausgerichtet ist, dass konkrete Menschen Veränderungsprozesse Schritt für Schritt gemeinsam entwerfen und realisieren. Dies erfordert regelmäßiges Handeln und Reflektieren. So schlagen wir eine fruchtbare Brücke zwischen innerer und äußerer Welt.

Dies sind die 7 Grundübungen:

1. Die Steuerungsfrage sichtbar machen
2. Die Steuerungsfrage untersuchen/klären
3. Die Vision klären
4. Die Arbeitsprozesse optimieren
5. Die steuernde Auffassung verdeutlichen
6. Das innere Team aufstellen
7. Zukunftsszenarien entwerfen

Dabei verstehen wir unter Steuerungsfragen einerseits inhaltliche Fragen und andererseits Prozessfragen, die thematisieren, über welche Gesichtspunkte wir einen Prozess steuern möchten im Hinblick auf unsere Ziele. Damit in Zusammenhang stehen steuernde Auffassungen. Das sind Auffassungen, die unser Handeln oder unsere Gedanken steuern (siehe dazu unten Übung 5).

1. Die Steuerungsfrage sichtbar machen

EINLEITUNG

- Wenn man in den Blick nimmt: die Situation / den Prozess des Kunden, die Situation / den Prozess des Auftraggebers und die Situation / den Prozess der Gemeinschaft bzw. der zusammenarbeitenden Menschen, und wenn man ihr gegenseitiges Verhältnis/Missverhältnis untersucht, dann wird der Veränderungsbedarf deutlich und die Steuerungsfrage wird sichtbar.
- Eine klare Sicht auf die Notwendigkeit zur Veränderung und auf die zugrunde liegende Steuerungsfrage bietet die Möglichkeit, sich in der Leitung des Veränderungsprozesses auf das Wesentliche zu konzentrieren.
- Fragen der Leitung wandeln sich und können im Laufe eines Prozesses unterschiedlich aussehen. So ist es immer wieder vonnöten, dieses Dreiecksverhältnis (Kunde/Auftraggeber/Gemeinschaft) erneut zu betrachten und zu thematisieren.

ÜBUNG

E

- **A** nimmt 10 Fotos aus der eigenen Arbeitspraxis zur Hand, auf denen die Situation des Kunden, des Auftraggebers sowie die Situation der zusammenarbeitenden Menschen zu sehen sind.
- **A** beschreibt, was auf den Fotos zu sehen ist, ohne Erklärungen oder Hintergrundinformationen zu liefern.
- **B/C/D** beschreiben, was sie gesehen und gehört haben, und formulieren auf dieser Grundlage die notwendige Veränderung in **A's** Organisation sowie **A's** Steuerungsfrage.
- **A** formuliert auf der Basis dieses Feedbacks die notwendigen Veränderungen und seine Steuerungsfrage.

HINTERGRUND

- Indem **A** 10 Fotos aus seiner eigenen Arbeitspraxis zur Hand nimmt, entscheidet er sich dafür, was er betrachten lassen möchte.
- Die dreifache Perspektive – Sicht des Kunden, des Auftraggebers und der Gemeinschaft – macht die Steuerungsfrage zum Verbindungsstück zwischen ihnen. Anhand von **A's** Beschreibungen werden bestehende Missverhältnisse für **B/C/D** hör- und sichtbar.
- Indem es beim Zeigen und Beschreiben bleibt und **A** darauf verzichtet, allerlei Erklärungen und Hintergrundinformationen mitzuliefern (so nicht: „Um das Foto zu beschreiben, muss ich euch erst noch mal erzählen …"), kommen **B/C/D** besser dazu, den Kern von **A's** Steuerungsfrage wahrzunehmen.
- Indem in Worte gefasst wird, welche Fragestellung im Veränderungsprozess von **A** wesentlich ist und wie **A** diesen steuern kann, wird die Frage der Veränderung zu einer Steuerungsfrage. So wird ein Zugang zur notwendigen Veränderung und zum Führungsprozess von **A** eröffnet.

2. Die Steuerungsfrage untersuchen/klären

EINLEITUNG

- Um die Steuerungsfrage weiter zu klären und schärfer ins Bild zu bekommen, kann die Frage selbst untersucht werden.
- Ziel ist, dass die verschiedenen Bilder und Geschichten rund um die Frage variieren und ein nächster Schritt innerhalb des Prozesses gefunden werden kann.
- Diese Übung erfordert zu diesem Zweck wesentliche Führungsqualitäten, nämlich: das Untersuchen einer Steuerungsfrage, das Einrichten und Überwachen eines Prozesses, die Wahrnehmung des Kernthemas sowie das Finden des nächsten Schrittes, den der Beteiligte gehen kann.
- Indem die Steuerungsfrage untersucht, d. h. geschärft und auf ihren Kern hin betrachtet wird, wird sie in Bewegung gebracht und andere Aspekte werden sichtbar gemacht. Dies öffnet den Blick für neue, unerwartete Schritte, die getan werden können.

ÜBUNG

E

- **A** formuliert die Steuerungsfrage und schreibt seine Formulierung auf.
- **B** stellt **A** 5 Minuten lang Fragen, die das Bild für ihn weiter klären. **A** erzählt anhand von **B's** Fragen. **B** leitet seine Fragen aus den Erzählungen von **A** ab.
- **C**: Nach etwa 5 und erneut nach etwa 10 Minuten unterbricht **C** den Dialog zwischen **A** und **B** und bittet **A**, seine Frage erneut zu formulieren. **A** schreibt seine neue Formulierung auf.

- **D:** Nach etwa 10 Minuten fasst **D** zusammen, was aus seiner Sicht die Essenz dessen war, was **A** erzählt hat. **D** hilft **A** dabei, den daraus folgenden, konkreten nächsten Schritt zu formulieren. **A** schreibt die Essenz und den nächsten folgenden Schritt auf.
- **A** hat schließlich drei Formulierungen seiner Frage, hat die Essenz in Worte gefasst und den nächsten konkreten Schritt – und das innerhalb eines 15-minütigen Prozesses.
- Danach werden die Rollen getauscht.
- Aufstellung: Die Personen **A, B, C** und **D** sitzen in einem Rechteck:

C

A **B**

D

HINTERGRUND

- Führungsqualitäten werden erprobt, indem sie ganz explizit in den Prozess eingebracht werden:
  - **A** lernt, anschaulich und konkret zu erzählen, worauf es ankommt.
  - **B** lernt, den anderen zu befragen, „um ihn besser erzählen zu lassen", und nicht, „um sein eigenes Verstehen-Wollen zu befriedigen".
  - **C** lernt, den Prozess zu überwachen und die Zeitvorgaben zu beachten.
  - **D** lernt, die Essenz der Erzählung und der Frage wahrzunehmen und zu formulieren.
- In ihrem Zusammenspiel führen diese Qualitäten zu dem nächsten, unumkehrbaren Schritt von **A** im Veränderungsprozess.
- In der Führungspraxis vereinigt eine Person die Rollen von **B**, **C** und **D** in sich.

3. Die Vision klären

EINLEITUNG

- Das Aussprechen der eigenen Vision auf eine persönliche Weise kann den anderen dazu inspirieren, den Prozess mitzutragen.
- Indem wiederholt und auf immer neue Weise von der Vision erzählt wird, kommt die eigene Betroffenheit zum Vorschein – die Ich-Qualität von Führung.
- Das Arbeiten mit einer Vision ist eine Führungsqualität, die in der Gemeinschaft dafür sorgt, dass eine Richtung gefunden und dass darüber gesprochen werden kann, worauf es wirklich ankommt.
- Das Erzählen von einer Vision ist auch eine Einladung an andere, ihre Vorstellungen expliziter zu machen und einzubringen.
- Aus verschiedenen Visionen entsteht ein besseres Bild von der Richtung, in die man gehen kann.

ÜBUNG

E

- **A** erläutert **B/C/D**, ohne unterbrochen zu werden, in maximal 5 Minuten seine Vision.
    - **B** achtet dabei auf die Inhaltsebene.
    - **C** achtet auf die Gefühlsebene.
    - **D** achtet auf die Willensebene.
- Anschließend tauschen sich **B/C/D** gemeinsam über **A's** Vision aus (sie „tratschen"). Dabei schauen sie **A** nicht an. **A** nimmt ein wenig Abstand und hört zu.
    - **A** macht sich während des „Getratsches" Notizen.
    - **B/C/D** geben **A** einen Tipp, wie er es anders/besser machen kann.
- **A** macht anhand der erhaltenen Hinweise direkt eine zweite Präsentation mit demselben Inhalt.

- **B/C/D** erzählen **A**, wie das auf sie gewirkt hat.
- Rollentausch.
- Aufstellung: **A** steht – **B/C/D** sitzen.

HINTERGRUND

- **A** lernt, dass das anschauliche und inspirierende Erzählen-Können der eigenen Vision andere in Bewegung bringt.
- **B/C/D** lernen, dass einer Vision zuzuhören und sie zu beschreiben diese hervortreten lässt. Inhalts-, Gefühls- und Willensrichtung werden wahrgenommen und führen zu einem guten Hinweis, wie **A** es anders erzählen kann.
- **B/C/D** suchen einen Kontrast. Dies ist für **A** eine Herausforderung, seine Vision auf entgegengesetzte Weise zu erzählen. Es durchbricht **A's** gewöhnliche Darstellungsweise. Was beim ersten Mal beispielsweise abstrakt war, kann zu dem Hinweis führen: „Erzähle konkret anhand eines Beispiels." Dadurch kommt das Individuelle an **A** stärker zum Vorschein und die Präsentation wird weniger funktional.
- Die Suche nach einem Kontrast zur üblichen Erzählweise hilft **A**, eine andere innere Seite zu mobilisieren. Die Wirkung auf **B/C/D** ist stärker und kommt besser an.

4. Die Arbeitsprozesse optimieren

EINLEITUNG

- Wichtige Interventionen, die im Verhältnis zur Steuerungsfrage stehen, finden in den Arbeitsprozessen statt. Es sind die Arbeitsprozesse, die das Verhalten der betroffenen Menschen bedingen.
- Das Verändern und Optimieren eines Arbeitsprozesses führt dazu, dass die Menschen in ihnen sinnvoller und effektiver handeln können. Sie können alte Verhaltensweisen aufgeben, ohne von anderen dazu gezwungen worden zu sein.
- Die betroffenen Menschen selbst verändern und optimieren ihre Arbeitsprozesse. Sie lagern Veränderungen nicht an Experten aus, sondern legen selbst Hand an.
- Betroffene Menschen an unterschiedlichen Standorten innerhalb des Prozesses arbeiten bei der Optimierung Hand in Hand. Dies schafft neue Verbindungen zwischen ihnen.

ÜBUNG

E

- **A** beschreibt einen Arbeitsprozess, der nicht gut läuft, und zwar auf drei Ebenen:
  - Wer ist verantwortlich / trifft Entscheidungen?
  - Wer arbeitet in diesem Prozess zusammen?
  - Welche Aktivitäten umfasst dieser Prozess?
- Zunächst werden die Prozessschritte ins Bild gebracht, beginnend mit der Schnittstelle zum Kunden. Danach werden die beteiligten Menschen bei jedem Schritt dem Bild hinzugefügt, wobei gezeigt wird, wer bei jedem Schritt wichtige Entscheidungen trifft.
  - **B** befragt **A** jeweils nach den drei Ebenen.
  - **C** notiert/zeichnet auf einem Flipchart, was **A** erzählt.

- **D** nimmt das Geschehen wahr und kann den Prozess korrigieren.
- Im Anschluss markiert **A** mit roten Punkten die Stellen, wo es in der Praxis nicht gut funktioniert.
- Für jeden roten Punkt entwickelt **A** im Dialog mit **B/C/D** eine Verbesserungsidee.

HINTERGRUND

- Bringt man den Arbeitsprozess auf diese Weise ins Bild, entsteht die Möglichkeit, die Sichtweise der Betroffenen und ihre Teilprozesse in den Gesamtprozess mit einzubinden.
- Sie können dieses Bild gemeinsam mit anderen betrachten und auf eine objektive Weise darüber ins Gespräch kommen. Kritikpunkte können so ausgesprochen werden, dass andere sich nicht angegriffen fühlen.
- Es kann in der Praxis mit Verbesserungen, die gefunden wurden, experimentiert werden.
- Das führt zu einem besseren allgemeinen Verständnis des gesamten und auch des eigenen Prozesses und zu einem besseren „Flow“ des Gesamt- und somit auch der individuellen Arbeitsprozesse, einem besseren Verhältnis zwischen den Menschen und zu einer tatkräftigen Entscheidungsfindung der Verantwortlichen.
- Damit ist dem Kunden, den Mitarbeitern und dem Auftraggeber gedient.

5. Die steuernde Auffassung verdeutlichen

EINLEITUNG

- Unser Handeln wird wesentlich gesteuert durch die Auffassungen, die in uns leben.
- Wir haben Auffassungen, die unser Handeln steuern, und Auffassungen, die unsere Gedanken und Aussagen steuern. Die gesagten und die getanen Auffassungen können unterschiedlich sein.
- Indem wir aufspüren, welche steuernden Auffassungen unser Handeln orientieren, wird uns bewusst, was es eigentlich anleitet. Diese Auffassungen können im Laufe der Zeit kontraproduktiv geworden sein.
- Wir hängen an unseren Auffassungen, die sich in unseren Handlungsweisen widerspiegeln, und wir nehmen ungern Abschied von ihnen.
- Gerade das Mobilisieren neuer Auffassungen kann unsere Art zu arbeiten verändern. Solche neuen Auffassungen können wir an Praktiken anderer Menschen entdecken, die uns inspirieren können. Wir wollen gerne sehen und erfahren, wie es anders laufen kann, bevor wir es uns selbst zu eigen machen.

ÜBUNG

E

- **A** beschreibt in Bezug auf seine Frage eine konkrete Situation, anhand derer das Missverhältnis sichtbar wird:
  - Wo findet sie statt? Wer ist dabei? Was ist genau passiert? Die Beschreibung ist so konkret, dass wir sie vor unserem inneren Auge sehen können.
- **B/C/D** hören der Beschreibung zu und achten jeweils auf Inhalt, Gefühlsebene und Willensrichtung und charakterisieren diese drei anschließend.

- **A/B/C/D** formulieren gemeinsam die dominanten steuernden Auffassungen von **A** in der beschriebenen Situation. Sie schreiben die deutlichste steuernde Auffassung als Satz auf.
- **A** überlegt für sich, ob diese steuernde Auffassung sein Handeln auch in anderen Situationen leitet und ob diese Auffassung zu adäquaten Wirkungen in diesen Situationen geführt hat. Er formuliert möglichst eine neue Auffassung, die in ihm lebt und die sein Handeln in zukünftigen Situationen wirksamer steuern kann.
- Zum Schluss erkunden **A/B/C/D** gemeinsam, wie die anfangs beschriebene Situation hätte verlaufen können, wenn **A** darin gemäß der neuen, anderen Auffassung gehandelt hätte.

HINTERGRUND

- Steuernde Auffassungen basieren auf verinnerlichten Werten und Normen. Sie schaffen außerdem wiederkehrende praktische Situationen, in denen ein bestimmtes Verhalten gleichsam erzwungen wird.
- In uns leben mehrere Auffassungen, die auch miteinander um die Vorherrschaft ringen können. Diese Auffassungen haben wir uns während unserer Erziehung, Schulzeit, Berufserfahrungen und Konfrontationen mit anderen Auffassungen angeeignet. Gegensätzliche Auffassungen, die in der inneren Welt leben, erzeugen Stress, können aber auch zu kreativen Initiativen führen.
- In unserem Inneren, unserem Tun und Lassen, leben Auffassungen, die stärker im Vordergrund stehen, stärker in unserem Handeln anwesend sind. Aber es gibt auch solche Auffassungen, die ein zurückgezogenes Leben in uns führen. Eben diese Auffassungen können nach vorne rücken, wenn wir einen neuen Schritt gehen müssen. Die Kunst ist, diese Auffassungen aufzuspüren und einzusetzen. Neue Auffassungen, die innerlich leben, können eine Chance bekommen, das Handeln zu steuern.

6. Das innere Team aufstellen

EINLEITUNG

- Wenn wir in konkreten Situationen agieren, sprechen in uns verschiedene Stimmen. Sie äußern unterschiedliche Sichtweisen auf diese Situation. Wir hören diese Stimmen nicht oder nicht alle, es sei denn, wir hören ihnen zu.
- Wir können diese Stimmen hören, wenn sie sich in konkreten Situationen und Ereignissen äußern, in die wir eingebunden sind oder die wir reflektieren. Wir können diese Stimmen als ein inneres Team aufstellen und jeder einen Namen geben.
- Machen wir uns diese Stimmen bewusst und geben wir ihnen Namen, dann können wir klarer Regie über sie führen. Wir verstärken damit die Rolle des „Ich" als Regisseur des eigenen Lebens.
- Stimmen können einander widersprechen, und das kann unser Handeln paralysieren. Sie drücken außerdem unsere dominanten Auffassungen aus, die in einer festen Beziehung zueinander stehen können und unser Handeln damit festlegen. Feste Gewohnheiten und Muster sind die Folge.

ÜBUNG

E

- **A** reflektiert in Bezug auf die Steuerungsfrage, welche inneren Stimmen sprechen und wie sie mit der Steuerungsfrage umgehen. **A** hört der inneren Auseinandersetzung aufmerksam zu und versucht, verschiedene Stimmen auszumachen und zu unterscheiden. **A** fängt bei den bekannten Stimmen an, die stets innerlich präsent sind.
- **A** gibt den verschiedenen Stimmen Namen und zeichnet sie auf einem Blatt Papier auf. **A** stellt sie als Team auf. Dabei achtet **A** auf die leisen Stimmen und den Tonfall der lauten Stimmen.

- **A** schildert **B** das Bild seines inneren Teams. **B** hört **A** zu.
- **B** kann nach kurzem Nachdenken die Teammitglieder anders aufstellen. **A** nimmt die Intervention von **B** wahr.
- Nach einer kurzen Besinnungspause erzählt **A** → **B**, wie dessen Intervention gewirkt hat.
- Anschließend werden die Rollen getauscht.

HINTERGRUND

- Geben wir den inneren Stimmen Namen und stellen sie als Team auf, bekommen wir eine klarere Sicht darauf, was uns innerlich bewegt, wenn wir mit einer Steuerungsfrage arbeiten.
- Wir werden uns bewusst, „wer" alles in uns mitspielt und wie sich diese „Wer's" zueinander verhalten.
- Manchmal können Stimmen zurückzuführen sein auf Personen, die diese in unsere Seele „gepflanzt" haben.
- Das „Ich" kann über diese inneren Stimmen die Regie übernehmen. Das ist wichtig für eine klare und zusammenhängende innere Welt.
- Dominante Stimmen können einen Schritt zurücktreten, leise Stimmen können besser gehört werden.
- Damit verändern wir unser Auftreten in Situationen. Wir lassen eine andere Seite unserer Persönlichkeit hervortreten und können anders, zumeist sinnvoller, auf das Unerwartete reagieren.

7. Zukunftsszenarien entwerfen

EINLEITUNG

- Wir können unterschiedliche Zukunftsszenarien entwerfen, abgeleitet von unseren inneren Wünschen und Leistungen wie auch von den äußeren Umständen, in welchen wir uns befinden.
- Indem wir verschiedene Bilder einer möglichen Zukunft entwerfen, sehen wir deutlicher, welche wichtigen Entscheidungen wir in der aktuellen Situation treffen müssen.
- Dieses bewusste Wählen eines Szenarios führt zu einem unumkehrbaren Schritt, einer möglichen Wendung, einem regelrechten Sprung. Wir nehmen die Zukunft in die Hand.
- Auf diese Weise können wir auch besser damit umgehen, was auf uns zu- und was uns auf unserem Weg entgegenkommt.
- Indem wir mögliche Zukunftsszenarien mit anderen teilen, werden sie für uns selbst klarer.

ÜBUNG

E

- **A** beschreibt drei Zukunftsszenarien in Verbindung mit seiner Steuerungsfrage:
  Szenario 1: Es geht die nächsten drei Jahre so weiter, nur äußere Dinge ändern sich.
  Szenario 2: Mein großer Traum ist in Erfüllung gegangen, und meine Umgebung hat sich dabei mit bewegt.
  Szenario 3: Das Unvorstellbare ist eingetreten. Ich und meine Umgebung haben sich fundamental verändert.
  A beschreibt jedes Szenario als einen konkreten Tagesablauf seines Lebens in drei Jahren.
  Die Punkte, denen dabei besondere Aufmerksamkeit geschenkt wird und an die das Szenario angelehnt ist, können von der Steuerungsfrage her abgeleitet werden.

Es ist wichtig, Fragen nach dem Wer, Wo, Was, Wie und Warum Raum zu geben.

- **A** denkt über die drei Szenarien nach und stellt sich die Frage: Welches ist die Entscheidung, die ich jetzt treffen muss, wenn ich mit meiner Steuerungsfrage weiterkommen will?
- **A** beschreibt **B** seine drei Szenarien und vor welche Entscheidungen ihn das stellt, d. h. welcher Entschluss nun zu treffen ist. Es muss nicht eines der drei Szenarien ausgewählt werden.
- **B** hört zu und gibt **A** Rückmeldung.
- **A** verarbeitet die Rückmeldung und fällt eventuell seine Entscheidung. **A** formuliert die konkreten Schritte, die er auf Grundlage dieser Entscheidung nun machen will.
- Rollentausch.

HINTERGRUND

- Indem man sich bildhaft mit der Zukunft beschäftigt und diese verschiedenen möglichen Bilder befragt, kann ein innerer Entschluss reifen und bewusst werden.
- Wird der Entschluss gefasst, die Wahl getroffen, dann geht der Prozess weiter und kann klarer gesteuert werden.
- In den drei Szenarien werden auch verborgene Wünsche, die als unmöglich eingestuft werden, im eigenen Inneren wirklicher. Sie erweisen sich als weniger weit entfernt als zunächst gedacht. Dies öffnet Türen, die ehedem als verschlossen galten.

Die 7 Übungen helfen uns, unsere Befähigung zum horizontalen Führen in unserem eigenen Leben und im organisierten Leben mit anderen auszubauen und Verantwortung zu übernehmen. In Veränderungs- und Entwicklungsprozessen ist es notwendig, horizontal zu führen. Davon gleich mehr.

6. Horizontal Führen

Diese Übungen bringen uns das horizontale Führen näher.[27] Sie basieren auf den drei zuvor beschriebenen Kernbegriffen und den fünf skizzierten Ansatzpunkten:

- Prozess / Dialog / Biografie
- von Fragen ausgehen / vom Wahrnehmbaren ausgehen / Wahrnehmungen gemeinsam auf den Prüfstand stellen / Geschichten rund um die Frage fördern / auf steuernde Auffassungen achten

Horizontale Führung schließt die Kluft zwischen Management und Mitarbeitern. Wir begegnen einander im Untersuchen und Experimentieren mit neuen Schritten, im Verändern des Bestehenden mit der Absicht, dass dies in veränderte Verhältnisse münden kann. Unabhängig von der operativen Aufgabe können wir am Verändern und horizontalen Führen teilhaben. Außerhalb des Arbeitslebens ist das für viele von uns ganz normal. Wir gehen auf Herausforderungen, interessante Menschen, neue Erfahrungen zu, weil wir von anderen dazu eingeladen werden. Zum Beispiel können Kinder ihre Eltern von Grund auf neue Lebensrealitäten erleben lassen. In der Arbeit ist dies oft nicht so.

- *Ein positives Beispiel. Ein Mitarbeiter hat im Gespräch mit einem Kunden eine gute Idee entwickelt: Das Produkt könnte auch noch ganz anders als bisher üblich von Kunden verwendet werden. Der Mitarbeiter redet gerne mit anderen Kollegen darüber. Informell erzählt er es eines Tages einem jungen Kollegen. Der Kollege ist überrascht und hält das für eine wunderbare Idee. Beim Abschiedsempfang für einen älteren Kollegen spricht auch der Direktor, und beim anschließenden geselligen Beisammensein kommt eben dieser junge Kollege zufällig mit dem Direktor ins Gespräch. Er erzählt ihm von der Idee seines Kollegen. Der Direktor ist überrascht und lädt die beiden Kollegen in der folgenden Woche dazu ein, bei ihm vorbeizukommen. Es folgt ein fruchtbares Gespräch, und der Direktor macht in der Organisation bei den beteiligten Spezialisten Werbung für die Idee. Der Mitarbeiter mit der weiterführenden Idee hat ein anderes Bild von seiner Organisation bekommen, fühlt sich gut in seinem Beruf, und für den beteiligten Kollegen war es eine schöne Erfahrung, eine sinngebende Erfahrung. Sie erleben horizontale Führung.*

Der Weg zum horizontalen Führen[28]

Mithilfe der im vergangenen Kapitel beschriebenen Übungen wird ein Prozess in Gang gesetzt, dem horizontalen Führen näherzukommen. Dieser Prozess soll hier weiter vertieft werden.

Wir sind in die Kultur unseres heutigen Systems, direkt Antworten und Lösungen zu geben, mit Haut und Haar eingebunden. Doch machen wir uns davon frei, und wenden wir uns den Fragen zu, die uns innerlich beschäftigen. Wir alle neigen dazu, in Antworten und Lösungen zu denken, besonders wenn es um andere geht. Wir neigen auch dazu, die andere Person hören und verstehen zu wollen, worum es geht. Ergänzt wird dies durch gute Ratschläge und Kommentare. Wir sind viel weniger dazu geneigt und in der Lage, uns auf den anderen zu konzentrieren und ihm dabei zu helfen, seine oder ihre Frage klarer zu bekommen. Dann müssen wir, und das ist anspruchsvoll, nicht verstehen und nicht Ratschläge erteilen, sondern wir müssen um gute Beschreibungen bitten, die der andere aus seinem Inneren heraus einbringen und erläutern kann. Das bringt die Frage besser ins Bild und lässt ihr Entwicklungsraum; es lässt die Frage anders aussehen, als wir zu Anfang dachten. Besonders relevant ist das für Steuerungsfragen rund um Veränderungen, von denen auch andere betroffen sind. Wie kommen wir zu etwas Neuem? Wie geben wir eine einfachere Antwort? Wie untersuchen und experimentieren wir mit neuen Ideen und Perspektiven? Wenn Steuerungsfragen bearbeitet werden, hilft es wenig, zu begreifen und Empfehlungen zu geben. Es hilft, andere sich ausdrücken und dabei den nächsten Schritt finden zu lassen, der gegangen werden kann. Es geht letztlich nicht um Lösungen, sondern es geht vielmehr um nächste Schritte, die gegangen werden können, wodurch die Frage sich weiterentwickelt. Dies führt dann zu überraschenden Ergebnissen, wie einer neuen Perspektive, einem anderen Weg, dem Schaffen von Mehrwert.

Im dialogischen Prozess von Untersuchen und Bewegen von Fragen ist nicht nur das Befragen eine wesentliche Kunst, sondern auch das Artikulieren einer eigenen Vision. Welches sind die inspirierenden Ideen und Gedanken, die ich entwickelt habe, die man beim Untersuchen und Bewegen von Fragen anwenden kann? Ich habe eigene Arbeitserfahrungen, ich habe Erkenntnisse, die bei dieser Erkundung einen Beitrag leisten können. Eine für den anderen neue Erkenntnis kann ihm helfen, eine neue Perspektive zu sehen, eine neue Chance zu entdecken. Die Art und Weise, wie eine Vision formuliert und hervorgebracht wird, bewirkt in großem Maße, wie sie bei dem anderen ankommt. Wir neigen dazu, Visionen abstrakt darzustellen und umständlich auch über Dinge zu sprechen, die uns sehr zu Herzen gehen. Wir können eine Vision persönlich machen, konkret und eng verbunden mit dem, was wir selbst entwickelt haben. Allgemeinheiten helfen uns in der Regel nicht weiter. Es sind eben die persönlichen Einsichten, die neue Sichtweisen beim anderen zulassen.

Um tatsächlich zu einem anderen, einem neuen, einem vielversprechenden Schritt zu kommen, ist es wichtig, dass wir einen Platz finden, wo die Veränderung auch erfahrbare Wirklichkeit werden kann. Wir müssen uns in die Prozesse begeben, in denen sich die Frage manifestiert. Diese Prozesse sind in ein Ungleichgewicht geraten, und es bedarf eines unumkehrbaren Eingriffs in den Prozess, um eine andere Wirklichkeit hervorzubringen. Können wir Prozesse verändern und verbessern? Es ist möglich, wenn wir an den Orten und in den Momenten intervenieren, an denen sich das Missverhältnis manifestiert.[29] Dies bringt uns die Sache näher und verpflichtet uns dazu offenzulegen, was geschieht und wie die Arbeit funktioniert. Indem dies aber getan wird und indem vor Ort in der Situation anders gehandelt wird, andere Verbindungen, andere Entscheidungen eingebracht werden, entsteht eine andere Dynamik, an der wir sehen und erfahren können, dass sich andere Beziehungen entwickeln, z. B. zwischen Kunde und

Lieferant, zwischen zusammenarbeitenden Menschen und zu Verantwortung tragenden Entscheidern. Diese Dynamik zu schaffen vermag das horizontale Führen.

Wo uns Prozesse eine erfahr- und wahrnehmbare Wirklichkeit liefern, da kommt gleichzeitig die innere Welt der beteiligten Menschen zur Sprache und die Auffassungen, die in ihnen leben und ihr Verhalten steuern. Nicht selten ist die Bewusstwerdung von steuernden Auffassungen und wie sie in der sozialen Realität wirken, für die Beteiligten ein schmerzhafter Prozess. Es wird beleuchtet, was vorher unsichtbar war, man wird konfrontiert mit einer Wirkung, die einem etwas anderes vor Augen führt als das, was man sich selber gerne weisgemacht hat. Die inneren Überzeugungen, die sich am äußeren Verhalten zeigen, bilden den harten Kern der Existenz und die wichtigste Ursache von Missverhältnissen. Menschen mit unterschiedlichen Ansichten wirken gegensätzlich aufeinander. Auffassungen färben auf Wahrnehmungen, Urteile und Entscheidungen ab. Eine steuernde Auffassung zu ändern ist schwierig. Es erfordert, das eigene Innere zu mobilisieren, eine andere Auffassung, die zwar lebendig ist, aber nicht im Vordergrund steht. Neue Auffassungen kann man mobilisieren, wenn man von anderen dazu eingeladen wird. Wir bewegen einander.

In unserem eigenen Inneren können Überzeugungen um die Vorherrschaft streiten. Wir können diese Überzeugungen als Spieler eines inneren Teams auffassen, die im Spiel mit-, aber auch gegeneinander spielen. Einige sind sehr dominant und stehen zuvorderst, andere sind eher leise und zurückhaltend. Wir können lernen, über diese inneren Stimmen, diese inneren Spieler im Team, Regie zu führen, indem wir sie uns bewusster machen, indem wir ihnen zuhören und indem wir sie in Bewegung bringen. Das eigene „Ich“ kann das leisten, wenn dieses „Ich“ es lernt, sich autonom und frei zu positionieren. Dazu können wir uns gegenseitig ermutigen.

So können wir in der Seele Raum schaffen, der Möglichkeiten für eine andere Zukunft eröffnet als diejenige, die unweigerlich auf uns zukommt. Wir können uns Zukunftsszenarien vorstellen, die vorzustellen wir uns kaum jemals zugestanden haben, geschweige denn zu verwirklichen. Die Zukunft wird nicht allein durch die Vergangenheit bestimmt – „so ist es nun einmal“ –, sie ist offen dafür, sich von der Vergangenheit zu lösen. So können sich neue Wege ankündigen, auf denen neue Wirklichkeiten geschaffen und erlebt werden können.

Die hier geschilderte Perspektive steht zwischen zwei Alternativen, die beide ebenso gut möglich sind.

Die eine Möglichkeit ist, dass wir uns davon leiten lassen, was wir als vorherbestimmt betrachten. „Ich habe keinen Platz im Leben, um meine Träume zu verwirklichen, weil ich zu sehr damit beschäftigt bin zu bewältigen, was auf mich zukommt und in meinem Weg steht. Dies sind meine Auffassungen und Werte, die mein Leben bestimmen, die Tradition, aus der ich hervorgehe, die ideologischen Überzeugungen, an denen ich festhalte.“

Wir bleiben innerhalb des Rahmens, den wir vorfinden, und passen uns daran an. Wir werden ein Produkt unserer Umgebung und unserer Erbanlagen, denen wir entstammen. Mit dieser Einstellung fügen wir uns den Systemen, die wir antreffen. Wir werden passive Mitarbeiter oder Manager, die sich ständig anpassen, und üben Widerstand, wenn es zu konfrontativ wird. Wir stellen uns wie angewurzelt auf, stecken den Kopf in den Sand und sorgen so gut wie möglich dafür, dass wir außer Sichtweite sind. Wir klagen und verurteilen, wenn man uns anfasst, wir sind das Opfer.

Die Alternative ist, als völlig ungebundener Abenteurer die eigenen Wünsche zu verfolgen und dabei alle Möglichkeiten, alle Menschen, welche einem auf dem Weg begegnen, für dieses Abenteuer zu „verwenden“. „Für mich ist das Leben ein Nervenkitzel, der unter allen Umständen erreicht und ausgelebt werden muss.“

Wir leben gerne in virtuellen Welten, folgen verführerischen Wegen, auf denen sich Chancen und Herausforderungen abzeichnen, in schnell wechselnden Kontexten, im grüneren Gras des Nachbarn. In der Organisation springen wir von einem Spaß zum andern, ohne etwas zu Ende zu bringen. Sobald wir auf Widerstand stoßen, lassen wir unser aktuelles Projekt fallen und suchen nach dem nächsten Kick. Von niemandem lassen wir uns wirklich zu mühsamer Arbeit bewegen, sondern wir stellen sicher, dass wir immer einen Fluchtweg offen haben. „Viel zu tun, schwierige Fragen, wichtige Fragen, besser morgen."

Diese beiden Alternativen schaffen unterschiedliche soziale Realitäten. Wir begegnen ihnen in der Auseinandersetzung mit anderen und in Veränderungsprozessen, an denen wir beteiligt sind.

Es ist eine Kunst, in der organisierten sozialen Realität einen Zwischenweg zwischen diesen beiden Alternativen zu gehen. Eine Kunst sowohl für das Individuum als auch für die organisierte Gemeinschaft.

Diesen Schulungsweg habe ich in meinem Buch „The art of conscious living"[30] beschrieben. Ferner wird in meinem Buch „Taal van de ziel"[31] tiefgehender die zugrunde liegende eigene Auffassung beschrieben, die mit der Verbindung zwischen Innen- und Außenwelt als einem wesentlichen Punkt im organisierten Leben zu tun hat.

7. Anwendungsgebiete

Anwendungsmöglichkeiten für diese Methodologie der sozialen Evidenz sehen wir zuerst und allem voran bei Menschen und Organisationsentwicklungsprozessen.

Folgende Anwendungsbereiche können wir unterscheiden:

- Veränderungsprozesse in Organisationen
- Coaching
- Ausbildung und Schulung

Wir werden diese Anwendungsbereiche etwas näher beschreiben und dann folgende persönliche Qualitäten, die hierfür eine wichtige Rolle spielen, beleuchten:

- Horizontales Führen
- Beratung
- Fachkompetenz

Veränderungsprozesse in Organisationen[32]

Organisationen als menschliche Schöpfungen unterliegen ständiger Veränderung. Da wir Dinge immer wieder neu herstellen, pflegen und ihnen einen Sinn geben und weil dabei unvermeidlich immer etwas geringfügig anders läuft als vorher, befinden wir uns in Organisationen in einem permanenten Veränderungsstrom. Wird dieses Phänomen der ständigen (ungesteuerten) Veränderung in Organisationen nicht beachtet, dann können wir sehen, wie sie schnell vom Kurs abkommen, wie eine Vielzahl an Missverhältnissen entsteht und wie diese Organisation schließlich untergeht. Die relativ kurze Lebensdauer der meisten Organisationen legt dies auch nahe.[33]

Wir sind in unseren Organisationen also ständig damit beschäftigt, das Bestehende zu versorgen und immer wieder neu zu schaffen. Und wir sind ständig auf der Suche nach neuen und anderen Möglichkeiten, um zu handeln und zu beobachten, um den Anschluss nicht zu verlieren zu dem, was sich aktuell ereignet, und um einen Schritt in die Zukunft machen zu können.

In Untersuchungen über Veränderungsprozesse und wie sie in Organisationen eingeführt und implementiert werden, wird deutlich, dass wir bisher kaum dazu in der Lage sind, Veränderungsprozesse auf eine sinnvolle Weise in die Wege zu leiten. Meiner Meinung nach – und auch auf der Grundlage jahrelangen Forschens und Untersuchens – liegt die wesentliche Ursache für diesen Umstand darin, dass wir Veränderungsprozesse so handhaben möchten wie operative Prozesse. Dann landen wir schnurstracks bei der Kluft zwischen Management und Mitarbeitern. Wir wollen Veränderungen in einer hierarchischen, funktional-vertikalen Beziehung zueinander realisieren. Was im operativen Prozess funktionieren kann, erweist sich in Veränderungsprozessen eher als hinderlich, wenn nicht gar als unmöglich.

Wie kommt das?

Veränderungen treten gewöhnlich zunächst im Innenleben der Beteiligten auf. Erst dann geht es um eine andere Sichtweise auf Fragen, eine andere Art, zu handeln und innere Widerstände zu überwinden, die diese Veränderung mit sich bringt. Verändern ist zunächst ein reflektiver Prozess der Wahrnehmung, des Sehens, der Bewusstwerdung, in dem man auf den Punkt kommt, dem Kern näherkommt, das Missverhältnis erfährt. Hierfür eignen sich Prozesse, in denen man forscht und experimentiert. Das steht geradezu entgegengesetzt zu den operativen Prozessen, in denen wir arbeiten – beschäftigt mit der Einrichtung von Rahmenbedingungen und Systemen sowie mit der Festlegung von Zielen und dem Etablieren von Arbeitsprozessen –, und zu der funktionalen hierarchischen Weise, mit der wir Resultate verbuchen.

In Veränderungsprozessen schaffen wir Prozesse als einzigartige Zyklen rhythmischer Schritte, durch die wir, gemeinsam forschend und experimentierend, die Veränderung entdecken und ihr Form geben. In diesem Prozess kommt es zuallererst auf den Dialog zwischen den beteiligten Menschen an. Wenn er auf funktionale Weise geführt wird, d. h. wenn Menschen von ihrer Position aus und unter Einsatz ihrer Machtressourcen an der Frage arbeiten, dann wird bei denjenigen, denen gesagt wird, sie müssten etwas verändern, schnell enormer Widerstand aufgebaut. Werden die betroffenen Menschen in den Dialog, ins Suchen und Untersuchen eingebunden, dann dringt die Veränderung zu ihrem Inneren durch, und sie können äußere Realität und innere Wirklichkeit in Beziehung zueinander setzen. Die Veränderung kann geboren werden. Das wiederum hat alles zu tun damit, wie die Beteiligten eine Verbindung zwischen ihrer eigenen und der Biografie der Organisation herstellen. Auch hier gilt, dass, wenn diese Verbindung eine funktionale ist – „Hier bin ich angestellt und verdiene mein Brot" –, die Wirksamkeit eine andere sein wird, als wenn die Verbindung einen persönlichen Entwicklungscharakter aufweist und ein eigener Lebensimpuls mit der Organisation verbunden werden kann.

Veränderungsprozesse in Organisationen verlaufen bei genauer Betrachtung horizontal. Das heißt, dass Veränderungen dann wirklich zustande kommen, wenn Menschen mit unterschiedlichen Funktionen, von verschiedenen Ebenen in einen horizontalen Dialog über die Fragestellung miteinander eintreten, welche sie teilen und welche sie zugleich in der Praxis, auf unterschiedliche Weise, erleben.

Wir kommen hier auch zu der Bedeutung der zuvor skizzierten Ansatzpunkte zurück. Die Wahrnehmung der Frage von unterschiedlichen Stellen und Blickwinkeln aus ist wesentlich, um das Problem zu verstehen. Indem man den Geschichten der Beteiligten zuhört, erhält die Frage mehrfach Sinn und Bedeutung. Aufmerksamkeit gegenüber verschiedenen steuernden Auffassungen und die Suche nach geeigneten solchen, um durch die Frage Veränderungen zu bewirken, intensivieren den Prozess und machen ihn häufig produktiver.

- *Ein Beispiel ist das Experiment, welches wir seit einigen Jahren regelmäßig durchführen. Einige Organisationen richten gemeinsam ein Verfahren ein, bei dem jede Organisation ein Untersuchungsteam bildet, bestehend aus Direktor, Abteilungsleiter, Teamleiter und Mitarbeiter, welche in ein Zusammenspiel kommen, um herauszufinden, wie in ihrer Organisation verändert wird, was funktioniert, und was anders sein könnte. Sie tun dies mithilfe eines gemeinsam identifizierten Problems. Mit den Ansatzpunkten der Methodologie der sozialen Evidenz geht es dann ans*

Untersuchen. Zum Beispiel: Wie hat sich die Frage in der Biografie der Organisation gezeigt? Welches sind dominante steuernde Auffassungen, von denen aus das Thema angesprochen wird, sind diese passend? Was bedeutet diese Frage für unsere Kunden und Mitarbeiter? Habe ich eine persönliche biografische Verbindung mit dieser Frage? Welches sind die Schlüsselfiguren, die diese Frage voranbringen können?

Sie treten über die Frage in Dialog mit Kollegen und anderen Beteiligten, ohne sie direkt lösen zu wollen. Sie teilen ihre Erkenntnisse als horizontales Team. Außerdem teilen sie, die aus verschiedenen Organisationen kommen, als Team ihre Erkenntnisse mit anderen Teams. Forschung und Experiment helfen dabei, an Punkte zu kommen, an denen jeder in der Lage ist zu sagen, dass es anders laufen kann. Außerdem wird schnell beschlossen, mit den Dingen aufzuhören, die nicht funktionieren. Die Mitarbeiter leisten einen wesentlichen Beitrag in diesem horizontalen Dialog; sie haben auch gute Geschichten zu erzählen. Der Direktor begegnet Bildern und Geschichten, die ganz anders sind als seine eigene Vorstellung der Dinge. Abteilungsleiter und Teamleiter entwickeln Einsichten und Verhaltensweisen, die viel besser daran anknüpfen, was wirklich benötigt wird. Sie kommen aus dem Zwiespalt zwischen oben und unten. Sie tun dies gemeinsam mit Rücksicht auf den Kunden, der in diesem Veränderungsprozess ebenfalls eine aktive Rolle zugewiesen bekommt.

Wir sind in unserem organisierten Dasein in eine Situation geraten, in der wir nicht nur mit den täglichen Schwierigkeiten beschäftigt sind, sondern wo wir gleichzeitig ständigen Veränderungen unterzogen sind und diese auch zu initiieren haben. Jeder von uns wird immer mehr Teil dieses Spiels. **Es reicht nicht mehr aus, dass Veränderungsprozesse in Organisationen einer kleinen Elite überlassen werden, die es für die anderen richtet und auf machtvollem Wege Veränderungen**

einführt. Es ist vielmehr wesentlich, dass die beteiligten Menschen in diesen Prozess eingebunden sind, welcher in erster Linie reflektiven und untersuchenden Charakter hat. Veränderungen werden ursprünglich in der inneren Welt der Menschen, in der Seele, geboren und gestaltet. Dann erscheinen sie transformiert in der äußeren Welt. Dies verläuft in einem iterativen, zyklischen und sich rhythmisch wiederholenden Prozess.

Coaching

In organisatorischen Kontexten erleben wir, dass wir nicht nur in hierarchischem Verhältnis zueinander stehen, sondern dass wir bei der Arbeit vor allem und zuerst horizontale, dialogische Verbindungen miteinander eingehen. Expliziter und bewusster wird das im Prozess des Coachings.

Zunächst einmal coachen wir einander. Wir coachen uns gegenseitig während der Arbeit. Das gilt für Fußballer auf dem Feld, für Mitarbeiter eines Teams, für Führungskräfte im Vorstand. Wir begleiten einander bei den Schritten, die wir machen. Wir geben einander Feedback, geben uns gegenseitig Tipps, wir bitten einander um Unterstützung, wir lernen voneinander. Coaching und Lernen sind zwei Seiten einer Medaille. Dieser Lernprozess ist nicht das periphere Geschehen, welches wir aus dem Klassenzimmer kennen, es ist ein wesentlicher Bestandteil des Gemeinschaftsprozesses in Organisationen. **Zunächst lernen wir von unserem Kunden**. Unser Kunde ist der entscheidende Lehrmeister. Immerhin erlebt der Kunde gnadenlos die Höhen und Tiefen unseres Beitrags. Der Kunde – und ein solcher sind wir in vielen Fällen selbst – ist sehr sensibel für die Missverhältnisse, auf die er bei Begegnungen mit Organisationen stößt. Es läuft zu langsam, es ist zu teuer, zu kompliziert. **Wir lernen auch von unseren Kollegen.** Wir unterstützen einander gegenseitig bei der Arbeit, spielen uns aufeinander ein, reichen einander die Hand. Gerade dann, wenn das nicht geschieht, erleben wir, wie uns die Arbeit auf einmal zäher von der Hand geht, nicht vorankommt, uns weniger Sinn und Belebung beschert.

Im Lernprozess beziehen sich innere und äußere Welt stärker aufeinander. Wir stehen vor neuen Herausforderungen, die wir nicht ohne

Weiteres meistern können. Wir begeben uns in einen Lernprozess, in dem wir uns das Neue zu eigen machen können. Der Weg, den wir dabei gehen, führt vorbei an Erkundung, Berührung, Verinnerlichung, Externalisierung. Wir lernen mit- und voneinander. Nicht selten ist es der Meister, der den Schüler zum Brunnen führt, ihn Erfahrungen machen und sich Neues aneignen lässt. Doch der Schüler muss am Meister vorbei-, muss auf seine eigenen Beine kommen, damit er einen eigenen Wert und eine eigene Bedeutung hinzufügen kann.

Coaching ist in Lernprozessen eine Grundlage für die Entwicklung von Meisterschaft.

Ausbildung und Schulung

Zu bestimmten Zeiten ist es sinnvoll, dass wir uns ganz ausdrücklich darauf konzentrieren, uns etwas Neues anzueignen.

- Wir wollen lernen, ein Musikinstrument zu spielen, und gehen regelmäßig zum Lehrer, der uns Unterricht gibt und uns anleitet.
- Wir wollen einen Beruf erlernen und machen eine Ausbildung.
- Wir wollen verstehen und studieren.
- Wir wollen moralischen Idealen folgen und besuchen eine Weiterbildung.
- Wir wollen neue Impulse aufgreifen und besuchen einen Meister.

Immer halten wir Ausschau nach Orten und Momenten, an denen wir etwas für uns lernen können.

Im ersten Teil unseres Lebens nimmt dieses Ausbilden und Schulen einen wichtigen Platz ein. Wenn wir anfangen zu arbeiten, wird das weniger deutlich. Wir sind beschäftigt mit all den Schwierigkeiten und Aufgabenstellungen und vergessen dabei, einen Raum und eine Zeit zu schaffen, um uns weiterzubilden. Das zieht bald Folgen nach sich, wir werden träge. Das kann so weit gehen, dass wir einen „Burn-out“ erleben, wir stehen im Leeren, und unsere Energie ist fort. Die Antwort darauf ist lebenslanges Lernen. Unsere Biografie fordert das, es ist nötig, um unser praktisches Leben zu meistern, auch unsere Nächsten fordern das ein. Wir können feststellen, dass lebenslanges Lernen kein Luxus ist, sondern eine absolute Notwendigkeit, um die Seele gesund zu erhalten. Wir sind meiner Ansicht nach schon weit jenseits der Grenzen des menschlich Notwendigen (was ich alles dringend tun muss), verglichen damit, was wir als Menschen wirklich wollen (was ich gerne tun würde), in unserer komplizierten, technologisch anspruchsvollen Zeit. Die Zeit und der Raum, den wir uns für neue Impulse, benötigte Veränderungen, eigene Initiativen, die wir uns zu eigen machen, nehmen, ist zu klein im Vergleich mit der fortwährenden operativen Arbeits- und Lebensspannung, unter der unser heutiges Leben steht.

Wir sollten hierfür einen eigenen Prozess dauerhafter Natur einrichten müssen, einen Raum schaffen müssen für sinnstiftenden und entdeckenden Dialog, aufmerksam für die biografischen Fragen und Nöte im Verhältnis dazu, was die Arbeit und das praktische Leben von uns fordert.

Damit es uns möglich ist, diesen drei Dimensionen der Mensch- und Organisationsentwicklung Zeit, Raum und Aufmerksamkeit zu widmen, benötigen wir horizontales Führen, Beratung und Fachkompetenz.

Horizontal Führen

Führung durch Management wird in der Literatur vor allem als etwas vermittelt, das zuallererst mit Führungskräften verbunden ist und wie sich diese verhalten. Führungskräften wird große psychologische Beachtung geschenkt. Auch Führungsstile sind davon abgeleitet. Sie können[34] einen autoritären, einen demokratischen, einen Laissez-faire- oder einen Hands-on-Führungsstil haben. Horizontales Führen ist eng mit den Managern verknüpft, welche diejenigen leiten müssen, die ihnen untergeordnet sind. Geläufig sind uns der Leiter, der mit starker Hand führt, der Leiter, der vor allem Unternehmer ist, der ideologisch motivierte Leiter, der Chef, der Boss.

Horizontales Führen steht seit jeher in unmittelbarer Verbindung mit Gemeinschaft.[35] Horizontales Führen ist in erster Linie auch mit Gemeinschaft verbunden. Gemeinschaften von Menschen kennen Leiter, die ihr den Weg weisen. Das ist ein altes Phänomen. Anfangs hatten sie einen priesterlichen Hintergrund, später einen politisch-sozialen, und heute sind es die CEO's und Manager, die in unserer organisierten Gemeinschaft horizontale Führung ausüben.

Eine einflussreiche Dimension horizontaler Führung, die wenig Aufmerksamkeit erfährt, ist das horizontale Führen als Prozess. Es geht hierin nicht um eine Führungskraft und ihre Untergebenen, die in einem hierarchischen Verhältnis zueinander stehen, sondern es geht um einen gemeinschaftlichen Dialog, in welchem Menschen im Zusammenspiel miteinander einen Weg suchen und finden. Das Vorantreiben dieses Prozesses macht die horizontale Führung aus. Es ist ein Prozess, in dem Erneuerungen und Veränderungen in die Wege geleitet werden. Wir leiten einander. In unserer eigenen Arbeit wenden wir dies an, indem wir Veränderungsprozesse in die Hände von Prozesseignern legen, die nicht von ihrer funktionalen Position, sondern von ihrer Persönlichkeit her mit den beteiligten Menschen in der Gemeinschaft einen Weg suchen. Prozesseigner haben keine funktionale Macht, aber sie können und dürfen andere dazu einladen, an dem Veränderungsprozess beteiligt zu sein und etwas beizutragen.[36] Dies vollzieht sich in einem permanenten Dialog, in welchem regelmäßig und rhythmisch auf nächste Schritte geachtet wird, die in einer persönlichen biografischen Beziehung zur Frage, zur Organisation, zur dazugehörigen Gemeinschaft und zum nächsten Entwicklungsschritt stehen. Prozesseigner stehen in Verbindung mit dem Auftraggeber, der von der Spitze der Organisation aus den Prozess begleitet und überwacht. Auftraggeber kümmern sich um die Entscheidungen, die getroffen werden müssen, die Beseitigung von Engpässen, die angetroffen werden, die Stärkung und Implementierung gefundener und geschaffener Veränderungen.

Horizontales Führen ist damit etwas, das in der Gemeinschaft geteilt wird, wozu jeder beitragen, seine Initiative beisteuern, seine Rolle spielen und dabei die Zusammenarbeit mit anderen suchen kann. Der Kunde steht dabei im Mittelpunkt unserer Bemühungen.[37]

Beratung[38]

Organisationen werden zunehmend durchlässig. In dem Maße, in dem sie zunehmend horizontal arbeiten, z. B. in Verbindung mit Kunden und Lieferanten, mit strategischen Allianzen und in gemeinsamen Projekten, umso weiter bewegen sie sich weg von alten und schaffen neue Grenzen. Gut sichtbar wird das auch anhand der Zusammenarbeit zwischen Berater und Kunde. Besonders wenn es um Veränderungsprozesse geht, ist es zur Gewohnheit geworden, Berater ins Haus zu holen, die das Fachwissen mitbringen, um Veränderungen erfolgreich verlaufen zu lassen. Trotz einer häufig umfangreichen Beratung laufen Veränderungsprozesse nichtsdestoweniger oftmals schief. Sie enden, wo sie es nicht sollten, versanden in komplexen Sachlagen, gehen im Druck des Alltags unter. Beratung in Veränderungsprozessen[39] scheint besser zu funktionieren, wenn der Berater sich nicht als Experte bewegt, der zeigt, wie und wo es langgeht und funktionieren wird, sondern wenn der Berater als ein Prozessführer in die Organisation eintritt und zusammen mit den betroffenen Menschen der Gemeinschaft einen Weg sucht. Beratung wird so Teil der horizontalen Führung. Das bedeutet, dass der Berater über längere Zeit in der Organisation mitwirkt, dabei auch Verantwortung trägt für das Aufsetzen und Durchsetzen von Veränderungsprozessen – ohne dass er auf der Gehaltsliste steht und operative Führungsaufgaben übernimmt.

Gleichzeitig ist für eine fruchtbare horizontale Zusammenarbeit die Verbindung zwischen der Art der Beratung, die im Beratungsbüro von Beratern entwickelt wird, und der Frage des Kunden nach der Herangehensweise, die zu seiner Fragestellung passt, grundlegend. Das gilt auch für die Chemie zwischen der Person des Beraters und derjenigen des Auftraggebers.

Wie ein Hausarzt langfristig mit einem Patienten verbunden sein kann, so kann ein Berater langfristig mit einem Auftraggeber zusammenarbeiten. Es ist die persönliche Chemie, die persönliche Wirksamkeit, auf die es dabei ankommt.

Es ist dann von Vorteil, wenn der Berater ein methodologisches Bewusstsein hat und mit den neuesten methodischen Entwicklungen rund um die Themen Veränderung und Entwicklung vertraut ist. Mehr noch, der Berater leistet in dieser methodischen Entwicklung seinen Beitrag, hat ein starkes reflektives Bewusstsein für das, was sich abspielt und was gefordert ist, und will dazu auch „promovieren“, darin Meister werden. Damit baut er einen Ruf auf, der neue Kunden anzieht.

Dies trägt auch zum Aufbau seiner Agentur oder seines Instituts bei.

Fachkompetenz

In dem organisierten Kontext, in dem wir arbeiten und auftreten, werden wir identifiziert mit der Funktion, die wir bekleiden, und dem Fachgebiet, welches wir darin ausüben. Das Fachgebiet erfordert eine bestimmte Fachkompetenz, inhaltliche Kenntnisse, Fertigkeiten und Haltungen. Wir entwickeln uns darin. Vom Lehrling zum Gesellen zum Meister. Bei der Ausübung unseres Berufes stellen wir fest, dass es gerade das Soziale ist, welches uns im Wege steht. Es wird nicht gut zusammengearbeitet, wir verstehen einander nicht, Prozesse sind nicht gut aufeinander abgestimmt. Das zwingt uns dazu, unsere Aufmerksamkeit den sozialen Prozessen, die sich vollziehen, zuzuwenden. Man sieht das z. B. sehr deutlich daran, wie sich Projekte in Organisationen entfalten. Projektgruppen werden auf der Basis fachlicher Inhalte zusammengestellt, die als notwendig erachtet werden. Man geht an die Arbeit, doch manchmal findet man schnell ein Haar in der Suppe, z. B. weil die Menschen einander nicht recht leiden können oder weil die Arbeitsstile so unterschiedlich sind, dass schnell Irritationen aufkommen. Schnell wird der Projektleiter zum vorwiegend sozialen Begleiter, der die Menschen zusammenhalten, und nicht zum wichtigsten Fachmann, der das Ganze zu einem guten Abschluss bringen muss. Durch einen Mangel an Verständnis und auch Gespür für das Soziale laufen Projekte aus dem Ruder. Menschen steigen aus, der Projektleiter gibt auf, der Auftraggeber interveniert.

Es scheint unvermeidlich, dass Fachleute, egal welcher Disziplin, sich Methoden für das Soziale aneignen müssen, um eine Chance zu haben, kreativ damit umgehen zu können.

Für **Leiterschaft**, **Beratung** und **Fachkompetenz** gilt gleichermaßen, dass es nicht ausreicht, das Verhalten anderer zu kopieren, Systeme zu implementieren, die es richten sollen, Lösungen vorzugeben, die andere ausführen müssen. Für alle drei gilt, dass ein kreativer schöpferischer Prozess vonnöten ist, in dem auf der Basis selbst erworbener Einsichten, Fähigkeiten und Haltungen (moralische Werte) eine ganz eigene persönliche Art des Auftretens und Teilnehmens eingebracht wird. Das macht es außerordentlich spannend und manchmal ziemlich unberechenbar.

8.10 Thesen als Fazit

Sie fragen sich vielleicht, wie das, was hier beschrieben wird, in der Realität von organisatorischen Veränderungen aussieht. Am besten kann man das natürlich sehen, wenn man es selbst ausprobiert. Dennoch wollen wir an dieser Stelle einen Leitfaden zur Verfügung stellen.

Ergebnisse in der sozialen Realität sind leider alles andere als absolut. Wie bereits erwähnt, sind in der sozialen Realität keine objektiven Gesetzmäßigkeiten wirksam. Sie wird vielmehr dadurch bestimmt, wie wir miteinander umgehen. In noch höherem Maße gilt dies für den Umgang mit Entwicklungsfragen in der Organisationspraxis.

Was gut festgehalten werden kann, sind die wahrgenommenen konsistenten Wirkungen in der Organisationspraxis, wenn Manager und Mitarbeiter auf die hier skizzierten methodologischen Ausgangspunkte achtgeben und sie anwenden.[40] Diese Wirkungen wollen wir in Form von 10 kontrastierenden Thesen aufzeigen.

1. Wenn im hierarchischen Verhältnis zwischen Manager und Mitarbeiter der Manager seine Mitarbeiter dazu anweist, etwas zu verändern, wird direkt Widerstand wachgerufen. Wenn in einem dialogischen Verhältnis Manager und Mitarbeiter, den Kunden im Auge behaltend, danach forschen, was anders und besser laufen kann, werden Manager und Mitarbeiter auch bereit sein, Veränderungen innerlich zu erarbeiten und äußerlich zu realisieren.

2. Wenn Verändern als etwas angesehen wird, das machtvoll von oben nach unten in die Organisation einfließend realisiert werden kann, dann werden alle Mechanismen, die vonseiten der Arbeitsorganisation hinderlich sind, verstärkt wirksam werden. Manager werden noch stärker unter Druck geraten, und Mitarbeiter werden eine noch abwartendere Haltung einnehmen.

Wenn Veränderungen als ein Gemeinschaftsprozess angesehen werden, in dem alle Beteiligten miteinander auf die Suche gehen und jeder seine eigene Aufgabe wahrnehmen kann, dann werden Menschen aufeinander zugehen und gemeinsam in Bewegung kommen können.

3. Wenn zu Beginn eines Veränderungsprozesses einige Personen in Gruppen (z. B. im Lenkungsausschuss oder in der Projektgruppe) darüber reden und anschließend andere davon überzeugen wollen und sie dazu anleiten, etwas zu verändern, dann werden die Hände in den Schoß gelegt, es entstehen keine kontinuierlich nachfolgenden Schritte, und die Veränderung verläuft im Sand.
Wenn zu Beginn eines Veränderungsprozesses die Beteiligten intensiv miteinander darüber kommunizieren, was die Fragestellung ist, wer beteiligt werden soll, warum dies für den Kunden und die Organisation wichtig ist, dann können die Beteiligten dies verinnerlichen und davon ausgehend im Veränderungsprozess selbstständig ihren Beitrag liefern und eingebunden werden.

4. Wenn Verändern als etwas gesehen wird, das in den Verantwortungsbereich von Managern fällt, und wenn Manager dies in einem funktionalen, operativen Kontext umsetzen, werden sie schnell nur mit anderen Managern beschäftigt sein, und die Mitarbeiter werden sich fragen, womit die Manager eigentlich so geschäftig sind.
Wenn Verändern als ein Thema der horizontalen Führung in organisierten Gemeinschaften betrachtet wird und dafür ein separater Prozess eingerichtet wird, dann wird die Veränderung Schritt für Schritt realisiert werden können.

5. Wenn so an Veränderungen herangegangen wird, dass zunächst das Management die Randbedingungen dafür schaffen muss, damit andere in Bewegung kommen – z. B.

werden zunächst Expertengruppen gebildet, die dann die Menschen schulen –, dann wird die Veränderung länger dauern als erwartet, mehr Geld als veranschlagt kosten und schlechtere Resultate als erhofft erzielen.
Wenn die betroffenen Menschen so direkt wie möglich am Untersuchen und Experimentieren beteiligt werden und davon ausgehend ihre eigene Arbeitsweise und ihre eigenen Prozess verbessern, dann wird die Veränderung früher als erwartet eintreten, kostengünstiger und mit besseren Resultaten realisiert werden können.

6. Wenn Änderungen sich auf die Veränderung von Strukturen und Systemen konzentrieren, mit der Erwartung, dass damit die Praxis anders und besser funktionieren wird, dann führt das dazu, dass die bestehenden Probleme an einen anderen Ort in der Organisation verlagert werden.
Wenn Änderungen die Arbeitsprozesse, die inneren Auffassungen der Menschen und auch ihre biografischen Zukunftsvisionen berühren, dann werden Veränderungen lebendig, sichtbar und wirksam sein in den operativen Prozessen, in denen diese Menschen tätig sind.

7. Wenn Änderungen sich auf interne organisatorische Probleme richten, dann werden alle Lösungsbemühungen dazu führen, dass diese Probleme größer und noch tiefer festsitzen werden.
Wenn Änderungen sich auf Prozesse mit Kunden und Lieferanten richten und die interne Organisation sich daran anpassen kann, dann werden Probleme in sinnvolle Veränderungsprozesse übersetzt, die die Zukunft gestalten.

8. Wenn Veränderungen von Experten gelenkt werden, die die Wirklichkeit von Managern und Mitarbeitern auf der Basis ihres Know-hows umgestalten wollen, dann wird die Realität von Führungskräften und Mitarbeitern auf die Dauer

komplexer, und die Veränderung führt für die Gemeinschaft zu suboptimalen Ergebnissen.
Wenn Veränderungen geführt werden von leitenden Persönlichkeiten, die darum gebeten werden, die frei und verantwortlich den entsprechenden Prozess einrichten, die Menschen dazu einladen, darin Entscheidungen hervorzubringen, dann wird die Realität umgestaltet und vereinfacht.

9. Wenn Veränderungen sich aufeinandertürmen in Form von immer mehr Projekten und Aufgaben, wird die innere Spannung der beteiligten Personen abnehmen, ihre Aufmerksamkeit schwinden und insgesamt ein minderwertigeres Resultat erzielt werden.
Wenn horizontale Führung und Gemeinschaftsmitglieder sich auf die wesentlichen Fragen konzentrieren, dann werden sich allmählich auch allerhand andere Probleme lösen können.

10. Wenn Veränderungen gesehen werden als die Verbesserung von Systemen, und wenn neue Probleme mit neuen Systemen angepackt werden, dann wird die Organisation zu einem komplexen, undurchsichtigen Gebilde.
Wenn Menschen Veränderungen mit dem Unternehmensimpuls verbinden können, dann werden die Betroffenen darin einen Sinn erkennen und ein Verständnis davon erlangen können, was mit der Organisation geschieht.

Einige Beispiele zur Veranschaulichung

- *Eine große Drogeriekette in Deutschland beschließt, ein neues Lager für die Belieferung der Hälfte ihrer Filialen zu bauen. Das neue, gigantisch große Lager wird in kürzerer Zeit als geplant, kostengünstiger als kalkuliert und leistungsstärker als erwartet realisiert. In einer Studie, die untersuchte, wie es dazu kam, stellt sich als entscheidend heraus, dass alle internen und externen Beteiligten zu Beginn des Prozesses und auch im Verlauf der Entwicklung und Ausführung intensiv und sinnstiftend im Dialog miteinander standen. Dies hat es möglich gemacht, dass alle Beteiligten selbstständig im Sinne des Ganzen und mit einem Auge füreinander die Umsetzung realisieren konnten. Wo während des Prozesses Stagnation eingetreten oder weniger gute Resultate erzielt worden sind, kann das zurückgeführt werden auf weniger sorgfältige Kommunikation zwischen den Beteiligten zu Beginn oder während des Prozessverlaufs.*

- *Laut einer Befragung von 15 niederländischen Unternehmen aus unterschiedlichen Wirtschaftssektoren (vgl. SIOO-Magazin vom September 2010) über die Veränderung ihrer Unternehmenskultur legen Organisationen immer mehr Wert auf ihre eigenen und die Werte ihrer Kunden. Ein gemeinsamer Fokus auf die Bedeutung des Wandels für den Kunden und für den Unternehmensimpuls, gaben sinnvolle Anhaltspunkte, um die gewünschten Veränderungen zu realisieren. Der Veränderungsimpuls erwuchs vor allem aus der Suche nach Möglichkeiten für die Zukunft, wie es weitergehen soll, als von der Lösung großer Probleme. Organisierte Veränderungsprojekte von oben nach unten schienen eher kontraproduktiv zu wirken. Horizontaler Dialog verstärkte den Veränderungsprozess.*
- *Deutsche Sparkassen, die seit vielen Jahren mit dieser Methodologie arbeiten, scheinen im Vergleich mit anderen Sparkassen, die mithilfe von Projekten und Experten vorgehen, gleichbleibendere und bessere Leistungen zu erzielen. Sie sind besser dazu in der Lage, tägliche Abläufe mit Veränderungsprozessen zu kombinieren und Änderungen an den operativen Verfahren vorzunehmen.*
- *Eine laufende Doktorarbeit zum Thema Entscheidungsfindung und Sinngebung in einer großen niederländischen Gemeinde zeigt, dass der Verlauf des Prozesses, wenn es*

um große komplexe Veränderungen geht, spürbar glatter und effizienter vonstattengeht, wenn zu Beginn des Verfahrens Fragen der Sinngebung Aufmerksamkeit geschenkt wird. Dies gilt sicher für Prozesse, die im politischen Kontext initiiert werden. Geht man der Frage der Sinngebung aus dem Weg (Warum tun wir das? Wollen wir das?), dann kehrt sie im Verlaufe des Prozesses immer wieder und immer mächtiger zurück, bis sie den Prozess zum Stillstand bringt.

- *In Veränderungsprozessen, in denen Menschen verschiedener hierarchischer Ebenen von Beginn an und auch im Verlauf des Prozesses miteinander in einem horizontalen Dialog stehen und diesen aufrechtzuerhalten vermögen, ist nicht die Rede davon, Widerstände zu überwinden, sondern nur davon, Betroffenen Raum zu geben. Dies hat sich in jahrelangen Experimenten im horizontalen Verändern in über 20 Organisationen in den Niederlanden und anderen Ländern gezeigt. Dabei untersuchten Forschungsteams, bestehend aus Direktor, Abteilungsleitern, Teamleitern und Mitarbeitern, gemeinsam, wie Veränderungen aufgegriffen und zustande gebracht werden. Während der Untersuchung wurden im Dialog mit allen Mitgliedern der Gemeinschaft undurchführbare Praktiken aufgespürt und eingestellt, während gut funktionierende Vorgehensweisen häufiger zur Anwendung gebracht wurden.*
- *In über 100 Organisationen in 10 Ländern wurden über mehrere Jahrzehnte hinweg schwierige Veränderungsprozesse durch Prozessverantwortliche geführt. Sie wurden dazu von der Spitze der Organisation aufgrund ihres persönlichen Auftretens in Führungsfragen ersucht und nicht aufgrund ihrer inhaltlichen Fachkenntnisse im Verhältnis zu der Fragestellung. Diese Hunderte von Prozessverantwortlichen legten großen Wert darauf, ihre Veränderungsprozesse zu einem erfolgreichen Abschluss zu führen. Bis auf wenige Ausnahmen schafften sie das (95 %).*

- *In einer großen Bank haben seit 15 Jahren Hunderte junger Menschen ihrem eigenen Veränderungsprojekt über einen Zeitraum von 9 Monaten selbstständig „von A bis Z" Form gegeben. Ergebnisse für Kunden, das eigene Team, andere Teams und für den eigenen Lernprozess wurden betrachtet. 90 % der jungen Mitarbeiter brachten ihr persönliches Projekt zu einem erfolgreichen Abschluss. 85 % von ihnen gingen auf diesem Weg weiter. Ähnliche Ergebnisse wurden auch in anderen Organisationen erreicht.*
- *In Meisterklassen mit dem Thema „Horizontale Führung", die in den letzten 7 Jahren in verschiedenen Ländern stattfanden, arbeiteten Führungskräfte und Professionals an ihren Führungsqualitäten und der Realisierung mühsamer Veränderungen in ihren eigenen Organisationen – auf der Basis der hier skizzierten Methodologie. Hunderte von Teilnehmern durchliefen einen einjährigen Lern- und Veränderungsprozess und dokumentierten die Ergebnisse der Prozesse, die sie durchführten, also auch ihres eigenen Lernens. Sie formulierten dies in einer Abschlussarbeit und einer Präsentation. In diesen Arbeiten und Präsentationen wurden die Effekte, von denen hier die Rede ist, erlebt und untersucht. Die Teilnehmer waren in der Lage, ihren eigenen Führungsstil weiterzuentwickeln und Veränderungsfragen der Organisation maßgeblich weiterzubringen.*

Das alles deutet darauf hin, dass die hier beschriebene Methodologie Menschen mit unterschiedlicher Ausbildung, unterschiedlichen Arbeitsaufgaben, unterschiedlichem Alter, Geschlecht, Herkunft und kulturellem Hintergrund in die Lage versetzt, Veränderungsprozesse zu führen, diese effektiv und sinnvoll zu entwerfen und gemeinsam mit anderen zu realisieren. Dabei erweist sich der Blick auf den Kunden, die Kundensituation sowie den Prozess mit dem Kunden als integrierender Faktor.

9. Menschengemäß verändern

In diesem letzten Kapitel gebe ich einige Tipps, die Sie dabei unterstützen können, die eigene Seele und die der anderen zu verstärken, während Sie sich mit der hier skizzierten Methodologie beschäftigen. Es sind wahre kleine Geheimnisse, die dabei helfen, sich in unserer unbeständigen sozialen Realität aufzurichten, zu führen und einen sinnvollen Beitrag zu leisten.[41]

Geheimnis 1: Machen Sie sich keine Sorgen über Probleme, die noch nicht da sind, aber möglicherweise auftreten können, sondern kümmern Sie sich um die aktuellen Herausforderungen, denen Sie gegenüberstehen.

Wir neigen in dieser komplexen und anspruchsvollen Zeit dazu, uns fortwährend Sorgen darüber zu machen, was alles auf uns zukommen, was alles schiefgehen kann, was wir noch alles zu tun haben. Auch bleiben wir innerlich häufig an Dingen hängen, die uns vielfach unangenehm getroffen haben. Es sind gerade die kleinen unangenehmen Unebenheiten, die uns den Schlaf rauben können. Indem wir uns bewusst machen, wie viel uns eigentlich ablenkt von dem, was uns im Hier und Jetzt wirklich bevorsteht, und indem wir uns darauf konzentrieren und achten, was hier und jetzt auf der Tagesordnung steht, können wir seelisch besser anwesend sein und unsere Talente und Fähigkeiten besser einbringen.

Geheimnis 2: Sie leben in mehreren parallelen Prozessen, in denen Sie alles Mögliche erleben. Man neigt dazu, Schwierigkeiten aus dem einen Prozess in den anderen mitzunehmen. Tun Sie das nicht. Lassen Sie die Schwierigkeiten in dem Prozess, in dem sie entstanden sind. Sie haben bei der Arbeit z. B. Zoff mit dem Chef. Ihrem Partner liegen Sie zu Hause ständig mit Ihren Klagegesängen in den Ohren. Sie sprechen dies jedoch nicht in der Arbeitssituation selbst an und versuchen, eben dort einen neuen Weg zu finden.

Das bedeutet nicht, dass Sie solches nicht mit Ihrem Partner besprechen können. Sicher. Aber legen Sie es nicht beim ihm ab und erwarten Sie nicht, dass es sich dort auflöst.

Wenn Sie gut mit den Prozessen vertraut sind, in denen Sie leben, und wenn Sie auch bewusst darauf achten, sobald Sie von einem Prozess in den anderen wechseln, werden Sie besser in der Situation anwesend sein und einen wertvolleren Beitrag leisten können. Das erfordert von Ihnen, dass sie der Zeit ständig ein kleines Stückchen voraus sind und rechtzeitig abschließen. Es geht um das richtige Gefühl für Timing. Einige sind immer zu spät und hinken hinterher. Es ist besser, etwas zu früh zu sein. Wenn Sie zu einem Kunden gehen, stellen Sie sicher, kurz vor der abgesprochenen Zeit dort zu sein. So können Sie ankommen und da sein, wenn es beginnt. Das ist eine echte Steuermannskunst. Es macht sogar Sinn, bei einigen Prozessen Jahre voraus zu denken, das Bewusstsein zu haben, dass es Sie jahrelang beschäftigen wird und dass Sie dafür Zeit und Raum schaffen. Sie werden auch feststellen, dass jeder Prozess, in dem Sie leben, seinen eigenen Takt, seinen Rhythmus und seine Melodie hat. Indem Sie Ihre Prozesse in ein gutes Verhältnis bringen, bescheren Sie sich selbst und anderen eine Extraportion Lebensqualität.

Geheimnis 3: In der Situation mit Geistesgegenwart anwesend sein führt dazu, dass Sie sich darauf einstellen können, was vorliegt und was zu tun ist. Das trägt dazu bei, dass Wertschöpfung stattfinden kann. Wertschöpfung entsteht aus der Synergie, die anwesende Menschen miteinander schöpfen. Gehen Sie aufeinander ein, hören Sie einander zu, zeigen Sie, was Sie wollen. Wenn man mit den Gedanken woanders ist, seine SMS liest, eigentlich irgendwo anders sein will, wird dem Prozess von Synergie und Wertschöpfung enorm Abbruch getan.

Geheimnis 4: Stellen Sie anderen Fragen, die zählen. Wir sind in der Regel sehr mit uns selbst beschäftigt. Wir stehen in unseren eigenen (Arbeits-)Prozessen unter Druck. Lieferanten und Kunden gehen z. B. aneinander vorbei, weil beide mit ihrem eigenen Prozess beschäftigt sind und nicht die Brücke schlagen zum Prozess des anderen. Wir können das tagtäglich selbst erleben. Indem man dem anderen aus Interesse eine Frage stellt, entsteht eine Verbindung. Auf Fragen des anderen gehen wir gerne ein, und davon ausgehend entsteht ein Dialog. Wir teilen etwas miteinander. Wir laufen mit Urteilen übereinander herum, die wir nicht kommunizieren, sondern für den Kaffeeklatsch aufbewahren. In dem Moment, in dem wir dem anderen eine Frage stellen, kommt auf einmal unser Urteil in Bewegung. „Diese Person ist doch anders, als ich gedacht habe, es ist doch anders, als ich vermutet habe." Damit „öffnet" sich die Situation und schafft neue Möglichkeiten der Zusammenarbeit.

Geheimnis 5: Richten Sie alles auf den Kunden aus. Es ist unser Kunde und der Prozess des Kunden, mit dem wir konfrontiert sind und wo die Früchte unserer Arbeit zum Tragen kommen. Eben in dem Prozess des Kunden erweist sich der Wert meines und unseres Beitrages. Wir finden dort auch den nächsten Schritt und Anknüpfungspunkte für die Weiterentwicklung unseres Beitrages, was ein Produkt, Service oder Prozess sein kann. Der Kunde ist das integrierende Element, nach dem Motto: „The proof of the pudding is in the eating." Es ist bemerkenswert, wie häufig der Kunde aus dem Blick gerät, während wir bei der Arbeit sind. Wir setzen uns unter Druck, ohne zu wissen, für wen. Erst im direkten Kontakt mit unserem Kunden sehen wir den Sinn, aber auch den Unsinn unserer Arbeit. Man kann jahrelang darüber nachdenken, was für den Kunden gut ist, aber erst in der Begegnung und in der Zusammenarbeit erweist es sich. Gehen Sie also zum Kunden, laden Sie ihn ein.

Geheimnis 6: Denken Sie, bevor Sie handeln, und denken Sie handelnd noch daran. Wir sind es gewohnt, viele unserer Aktivitäten zu planen. In Stoßzeiten muss man das auch. Termine im Kalender festhalten, Sitzungen vorbereiten, sich abstimmen. Vor Ort läuft dann doch vieles anders als erwartet. Manchmal wirken umfangreiche Planungen sogar kontraproduktiv auf den Verlauf des Prozesses.

Es ist sinnvoll, für wichtige bevorstehende Veranstaltungen vorab eine kleine Prognose zu machen, was Ihrer Erwartung nach geschehen wird, und im Nachhinein darauf zurückzublicken, was tatsächlich geschehen ist. Was war anders, und hätte ich das vorab wissen können? So bekommen Sie einen Blick für die Umstände, die da sind, die

Sie aber noch nicht sehen. Häufig ist es auch wichtig, in der Situation gegenzusteuern. Purer Aktionismus ohne besinnliche Momente, ohne dass der Frage Aufmerksamkeit geschenkt wird: „Wie läuft es eigentlich?“, kann für den Verlauf der Ereignisse und Prozesse tödlich sein. Nicht hindurchmarschieren, sondern regelmäßig stillstehen, Pausen einfügen – das schafft Raum, damit entstehen kann, was möglich und gewünscht ist. Das gilt insbesondere für Sitzungen, bei denen viele Tagesordnungspunkte abgearbeitet und erledigt werden.

Geheimnis 7: Das biografische Gespräch. Es ist heilsam im Sozialen, wenn man den anderen nach seiner Biografie, nach seiner oder ihrer Lebensgeschichte fragt. Die Lebensgeschichte beschert einem plötzlich überraschende Einsichten darin, „warum die Dinge sind, wie sind sind“, oder „gehen, wie sie gehen“. In der Lebensgeschichte des anderen kommt sofort die Frage der Sinngebung auf. Wozu ist der andere hier, wo kommt er her, und wo geht er hin? Eine biografische Geschichte und Unterhaltung ist immer interessant und inspirierend und kann Teams von zusammenarbeitenden Menschen enorm dabei unterstützen, den gemeinsamen Weg zu gehen. Für gewöhnlich lassen wir das in unserer Betrachtung außen vor, wir wissen wenig voneinander, auch wenn wir jahrelang bei der Arbeit miteinander zu tun haben. Der biografische Kontext macht erfahrbar, was wirklich wichtig ist, dass jeder als Persönlichkeit eigentlich interessant und bedeutungsvoll ist und in seinem Wesen unersetzbar. Er bietet ein Gegengewicht zu dem funktionalen Umgang miteinander, wo jede Funktion auch von einem anderen ausgefüllt werden kann.

Geheimnis 8: Geben Sie Ihrer Vision Zeit, damit sie ankommen kann, lassen Sie von sich hören. Visionen sind etwas anderes als Meinungen. Meinungen hören wir genügend. Häufig sind es rationale Aspekte, Legitimationen, Ausbrüche. Visionen sind etwas ganz Persönliches. Es ist das, was Sie sich selbst angeeignet haben, dasjenige, womit Sie sich der Fragestellung und der Situation nähern wollen. Eine Vision zu äußern kann auf den anderen eine sehr inspirierende Wirkung ausüben. Sie werden sichtbar, auch verletzlich, und das lädt die anderen ebenso dazu ein, zum Vorschein zu kommen. Eine Vision kann sich entwickeln. Es ist keine erklärende und abschließende Verlautbarung nach dem Motto: „So ist es“, sondern es ist ein Leitgedanke, der in das Abenteuer mitgenommen werden kann, in dem wir uns befinden. Wenn wir uns gegenseitig dazu einladen, unsere Visionen einzubringen, dann entsteht „ein inspirierender Stern“, an dem wir uns orientieren können.

Wenn Sie mit diesen Geheimnissen spielen, sie anwenden in Ihrem Leben, sie entwickeln in Ihrer Arbeit und in der Zusammenarbeit mit anderen, dann können Sie erleben, wie heilsam dies nicht nur auf Ihre Seele wirkt, Ihre eigene innere Welt, sondern dass es auch dazu beiträgt, dass die soziale Situation, in der wir uns miteinander befinden, offener, gesunder und sinnhafter wird.

Diese Geheimnisse unterstützen Sie dabei, mit der hier skizzierten Methodologie der sozialen Evidenz zu „spielen“. Auf diese Weise ist und bleibt es ein überraschendes Abenteuer.

Zum Schluss

In diesem Buch biete ich Ihnen einen originellen Ansatzpunkt für Ihre Arbeit in den organisierten sozialen Kontexten, in denen Sie tätig sind.

Es wäre schön, wenn es etwas zu Ihrer persönlichen Entwicklung beitragen kann, zur Weiterentwicklung Ihrer inneren und äußeren Welt. Es wäre auch schön, wenn die hier beschriebenen Dimensionen und Qualitäten verstärkt Eingang finden in die tagtäglichen Schwierigkeiten in Organisationen.

In jedem Fall danke ich Ihnen, lieber Leser, dass Sie sich damit beschäftigt haben. Ich wünsche Ihnen einen guten nächsten Entwicklungsschritt.

Literatur

Ahrendt, Hannah. Vita activa. Utrecht, 1999.
Bekman, Adriaan. De Taal van de ziel. Zeist, 2011.
Bekman, Adriaan. The Horizontal Leadership Book. Berlin, 2010.
Bekman, Adriaan. Horizontal führen. Berlin, 2008.
Bekman, Adriaan. Op weg naar vrijheid. Zeist, 2007.
Bekman, Adriaan. Bewogen Organisaties. Assen, 1998.
Bekman, Adriaan. De organisatie als gemeenschap. Assen, 2001.
Bekman, Adriaan. Adviseren: het geheim van de smid. Assen, 1997.
Bekman, Adriaan. Adviseren in verandering. Assen, 2005.
Bekman, Adriaan. Kernkwaliteiten van leidinggeven. Assen, 2006.
Bekman, Adriaan. The art of conscious living. Berlin, 2009.
Bekman, Adriaan. De mens als bron van leiderschap. Assen, 2007.
Bekman, Adriaan. Zelfmanagement in een druk bestaan. Assen, 1999.
Bekman, Adriaan et al. Horizontaal leiderschap. Assen, 2009.
Bekman, Adriaan. Methodologie van de evidentie, in: Interveniëren en veranderen, Jaap Boonstra und Léon de Caluwé. Deventer, 2006.
Boer, Edward de. Haal alles uit een training. Amsterdam, 2010.
Boonstra, Jaap. Lopen over water. 2000.
Bos Lex. Oordeelsvorming in groepen. Wageningen, 1974.
Boulding, Kenneth. General systems theory. New York, 1956.
Brug, Jos van der en Kees Locher. Ondernemen in de levensloop. Zeist, 1995.
Chia, Robert. Organizational analysis as deconstructive practices. New York, 1996.
Covey, Stephen R. Principle Centered Leadership. 1990.
Dongen, Henk van et al. Een kwestie van verschil. Delft, 1996.
Geus, Arie de. De levende onderneming. Utrecht, 1997.
Grün, Anselm. Bezielend leidinggeven. Baarn, 2002.
Hoebeke, Luc. Making worksystems better. 1994.
Hundman, Rob. Weerbarstig veranderen. Delft, 2010.
Lievegoed, Bernard. Maat, ritme, melodie. Grondslagen voor een therapeutisch gebruik van muzikale elementen. Zeist, 1983.
Lievegoed, Bernard. De levensloop van de mens. Rotterdam, 1990.
Lievegoed, Bernard. Organisaties in ontwikkeling. Rotterdam, 1984.
Kotter, John. Leading Change. Boston, 1996.
Kunneman, Harry. Voorbij het dikke ik. 2005.
Neumann, Erich. Dieptepsychologie en nieuwe ethiek. 1959.
Soesman, Albert. De twaalf zintuigen. 1998.
Steiner, Rudolf. Filosofie van de vrijheid. 1975.
Vermaak, Hans. Plezier met taaie vraagstukken. 2009.
Weick, Karl. Sensemaking in organizations. 1995.
Wierdsma, Andre. Co-creatie van verandering. Delft, 1999.

Endnoten

1 Jaap Boonstra: Lopen over water
2 Adriaan Bekman: Methodologie van de evidentie in Boonstra en de Caluwé: Interveniëren en Veranderen
3 Hans Vermaak: Plezier met taaie vraagstukken
4 Edward de Boer: Haal alles uit een training
5 Henk van Dongen e. a.: Een kwestie van verschil.
6 Karl Weick: Sensemaking in organizations
7 Bernard Lievegoed: Organisatie in ontwikkeling und Adriaan Bekman: Bewogen organisaties
8 Adriaan Bekman: The art of conscious living
9 Albert Soesman: De twaalf zintuigen
10 Rudolf Steiner: Filosofie van de vrijheid
11 Lex Bos: Oordeelsvorming in groepen
12 Adriaan Bekman: De mens als bron van leiderschap
13 Bernard Lievegoed: Maat, ritme, melodie
14 Bernard Lievegoed: De levensloop van de mens
15 Luc Hoebeke: Making worksystems better
16 Jos van de Brug en Kees Locher: Ondernemen in de levensloop
17 Stephen R. Covey: Principle-centered leadership
18 John Kotter: Leading change
19 Adriaan Bekman: Bewogen Organisaties
20 Kenneth Boulding: General systems theory
21 Bernard Lievegoed: Organisaties in ontwikkeling
22 Karl Weick: Sensemaking in Organizations
23 Robert Chia: Organizational analysis as deconstructive practices
24 Hannah Ahrend: Vita activa
25 Erich Neumann: Dieptepsychologie en nieuwe ethiek
26 Anselm Grün: Bezielend leidinggeven
27 Adriaan Bekman e. a.: Horizontaal Leiderschap
28 Adriaan Bekman: Kernkwaliteiten van leidinggeven
29 Andre Wierdsma: Co-creatie van verandering
30 Adriaan Bekman: The art of conscious living
31 Adriaa Bekman: Taal van de ziel (erscheint 2011)
32 Adriaan Bekman: De organisatie als gemeenschap
33 Arie de Geus: De levende onderneming
34 Adriaan Bekman: Op weg naar vrijheid: leiderschap
35 Adriaan Bekman: Op weg naar vrijheid: de organisatie als gemeenschap
36 Adriaan Bekman: Op weg naar vrijheid: Organisatieontwikkeling
37 Adriaan Bekman: Op weg naar vrijheid: De klant in het centrum van onze bemoeiingen
38 Adriaan Bekman: Adviseren; het geheim van de smid und ders.: Adviseren in verandering
39 Adriaan Bekman: Adviseren in verandering
40 Adriaan Bekman e. a.: Horizontaal leiderschap
41 Adriaan Bekman: Taal van de ziel, sowie ders.: The art of conscious living und ders.: Zelfmanagement in een druk bestaan

Von Adriaan Bekman sind im Alert-Verlag u. a. noch erschienen:

Horizontal führen

Kernqualitäten und Werkzeuge

176 Seiten · Taschenbuch (Paperback)

29,90 EUR · ISBN 978-3-941136-02-1

The Art of Conscious Living

Individual and community

a new path to higher consciousness

– englischsprachig –

80 Seiten · Taschenbuch (Paperback)

15,00 EUR · ISBN 978-3-941136-04-5

The Horizontal Leadership Book

– englischsprachig –

208 Seiten · Taschenbuch (Paperback)

29,90 EUR · ISBN 978-3-941136-07-6